工程施工与质量简明手册丛书

建筑工程

李新航　毛建光 ◎ 主编

中国建材工业出版社

图书在版编目（CIP）数据

建筑工程/李新航，毛建光主编. —北京：中国建材工业出版社，2018.6

（工程施工与质量简明手册丛书/王云江主编）

ISBN 978-7-5160-2191-0

Ⅰ.①建… Ⅱ.①李… ②毛… Ⅲ.①建筑施工-技术手册 Ⅳ.①TU7-62

中国版本图书馆 CIP 数据核字（2018）第 053556 号

建筑工程

李新航　毛建光　主编

出版发行：*中国建材工业出版社*
地　　址：北京市海淀区三里河路1号
邮　　编：100044
经　　销：全国各地新华书店
印　　刷：北京雁林吉兆印刷有限公司
开　　本：787mm×1092mm　1/32
印　　张：6.75
字　　数：160千字
版　　次：2018年6月第1版
印　　次：2018年6月第1次
定　　价：**38.00元**

本社网址：www.jccbs.com　　微信公众号：zgjcgycbs
本书如出现印装质量问题，由我社市场营销部负责调换。
联系电话：(010) 88386906

内 容 简 介

本书是依据现行国家和行业的施工与质量验收标准、规范,并结合建筑工程施工与质量实践编写而成的,基本覆盖了建筑工程施工的主要领域。本书旨在为建筑工程施工人员提供一本简明实用、方便携带的小型工具书,便于他们在施工现场随时参考、快速解决实际问题,保证工程质量。本书包括地基基础工程、砌体工程、混凝土工程、钢结构工程、屋面工程、地下防水工程、建筑地面工程、建筑装饰装修工程、建筑节能工程、绿色施工标准、无障碍设施,共 11 部分。

本书可供建筑工程设计、管理和施工人员使用,也可供各类院校相关专业师生学习参考。

《工程施工与质量简明手册丛书》编写委员会

主　　任：王云江
副 主 任：吴光洪　韩毅敏　李中瑞　何静姿
　　　　　史文杰　姚建顺　毛建光　楼忠良
编　　委：马晓华　于航波　王剑锋　王黎明
　　　　　李新航　李拥华　汤　伟　陈　雷
　　　　　张炎良　张海东　林延松　卓　军
　　　　　周静增　赵海耀　郑少午　郑林祥
　　　　　侯　赟　顾　靖　翁大庆　黄志林
　　　　　童朝宝　谢　坤

（编委按姓氏笔画排序）

《工程施工与质量简明手册丛书——建筑工程》编委会

主　　编：李新航　毛建光
副 主 编：谢　坤　王伟平　吴忠峰　邬海良
参　　编：王　俊　王云江　方明星　毛　隽
　　　　　王丽现　吴珊珊　吴乐逊　寿冬伟
　　　　　邱小松　陈　荣　金卫建　闻　晓
　　　　　姚　华　费建锋　施丹诚　徐彩芳
　　　　　戴增囡　谢雅明
　　　　　　　　（参编按姓氏笔画排序）
编写单位：杭州市建设工程质量安全监督总站
　　　　　浙江大东吴集团建设有限公司
　　　　　浙江城投建设有限公司
　　　　　浙江正业项目管理有限公司
　　　　　浙江信宇建设集团有限公司

前 言

为及时有效地解决建筑施工现场的实际技术问题，我社策划出版"工程施工与质量简明手册丛书"。本丛书为系列口袋书，内容简明实用，"身形"小巧，便于携带，随时查阅，使用方便。

本系列丛书各分册分别为《建筑工程》《安装工程》《装饰工程》《市政工程》《园林工程》《公路工程》《基坑工程》《楼宇智能》《城市轨道交通（地铁）》《建筑加固》《绿色建筑》《给水工程》《城市管廊》《海绵城市》。

本丛书中的《建筑工程》是依据现行国家和行业的施工与质量验收标准、规范，并结合建筑工程施工与质量实践编写而成的，基本覆盖了建筑工程施工的主要领域。本书旨在为建筑工程的设计和施工人员提供一本简明实用、方便携带的小型工具书，便于他们在施工现场随时参考、快速解决实际问题，保证工程质量。本书包括地基基础工程、砌体工程、混凝土工程、钢结构工程、屋面工程、地下防水工程、建筑地面工程、建筑装饰装修工程、建筑节能工程、绿色施工标准、无障碍设施，共11部分。

对于本书中的疏漏和不当之处，敬请广大读者不吝指正。

编　者
2018.03.01

目 录

1 地基基础工程 ··· 1
 1.1 地基处理 ·· 1
 1.2 桩基 ··· 5
 1.3 基坑工程·· 12

2 砌体工程··· 15
 2.1 砌筑砂浆 ·· 15
 2.2 砖砌体工程······································· 19
 2.3 小型砌块·· 23
 2.4 填充墙砌体工程································ 24

3 混凝土工程··· 27
 3.1 模板分项工程···································· 27
 3.2 钢筋分项工程···································· 34
 3.3 预应力分项工程································ 41
 3.4 混凝土分项工程································ 47
 3.5 现浇结构分项工程····························· 52
 3.6 装配式结构分项工程························· 59

4 钢结构工程··· 66
 4.1 钢结构焊接工程································ 66
 4.2 紧固件连接工程································ 71
 4.3 钢结构件组装工程····························· 74
 4.4 钢构件预拼工程································ 77

4.5	钢结构安装	79
4.6	压型金属板工程	87
4.7	钢结构涂装工程	90

5 屋面工程 … 93

5.1	基层与保护工程	93
5.2	保温与隔热工程	96
5.3	防水与密封工程	100
5.4	瓦面与板面工程	103
5.5	细部构造工程	104

6 地下防水工程 … 107

6.1	防水混凝土	107
6.2	水泥砂浆防水层	110
6.3	卷材防水层	111
6.4	涂料防水层	114
6.5	细部构造	115

7 建筑地面工程 … 120

7.1	基层铺设	120
7.2	整体面层铺设	123
7.3	板块面层铺设	127
7.4	地毯面层施工	130
7.5	木、竹面层铺设	132
7.6	实木复合地板面层施工	134

8 建筑装饰装修工程 … 137

8.1	抹灰工程	137
8.2	门窗工程	143

8.3　吊顶工程 ································· 152
　　8.4　轻质隔墙施工 ····························· 157
　　8.5　饰面板（砖）工程 ························· 162
　　8.6　幕墙工程 ································· 167
　　8.7　涂饰工程 ································· 175
　　8.8　细部工程 ································· 178

9　建筑节能工程 ··································· 185
　　9.1　施工要点 ································· 185
　　9.2　质量要点 ································· 186
　　9.3　质量验收 ································· 186
　　9.4　安全与环保措施 ··························· 190

10　绿色施工标准································· 192
　　10.1　施工要点 ································ 192
　　10.2　质量要点 ································ 192
　　10.3　质量验收 ································ 196
　　10.4　安全和环保措施···························· 196

11　无障碍设施··································· 197
　　11.1　施工要点 ································ 197
　　11.2　质量要点 ································ 198
　　11.3　质量验收 ································ 199
　　11.4　安全与环保措施 ··························· 205

1 地基基础工程

1.1 地基处理

1.1.1 施工要点

1. 地基基础工程施工前，必须具备完备的地质勘察资料及工程附近管线、建筑物、构筑物和其他公共设施的构造情况，必要时应做施工勘察和调查，以确保工程质量及邻近建筑的安全。

2. 地基加固工程，应在正式施工前进行试验段施工，论证设定的施工参数及加固效果。为验证加固效果所进行的载荷试验，其施加载荷应不低于设计载荷的 2 倍。

3. 施工过程中出现异常情况时，应停止施工，由监理或建设单位组织勘察、设计、施工等有关单位共同分析情况，解决问题，消除质量隐患，并应形成文件资料。

1.1.2 质量要点

1. 砂、石子、水泥、钢材、石灰、粉煤灰、土工合成材料等原材料进行现场复验，检验项目、批量和检验方法应符合国家现行标准的规定。

2. 灰土土料、石灰或水泥（当水泥替代灰土中的石灰时）等材料及配合比应符合设计要求。分层铺设的厚度、分段施工时上下两层的搭接长度、连接状况、夯（碾）压遍数等施工工艺应符合设计和规范的要求。

1.1.3 质量验收

1. 施工结束后，应进行（地基强度或承载力）检验。检验结果必须达到设计要求；检验数量应满足设计规定数量，设计无明确要求时，可按以下要求执行：

（1）灰土地基、砂和砂石地基、土工合成材料地基、粉煤灰地基、强夯地基、注浆地基、预压地基的检验数量，每单位工程不应少于 3 点，1000m² 以上工程，每 100m² 至少应有 1 点，3000m² 以上工程，每 300m² 至少应有 1 点。每一独立基础下至少应有 1 点，基槽每 20 延米应有 1 点。

（2）水泥土搅拌桩复合地基、高压喷射注浆桩复合地基、砂桩地基、振冲桩复合地基、土和灰土挤密桩复合地基、水泥粉煤灰碎石桩复合地基及夯实水泥土桩复合地基的检验数量为总数的 0.5%～1%，但不应少于 3 处。有单桩强度检验要求时，数量为总数的 0.5%～1%，但不应少于 3 根。

2. 预压地基和塑料排水带质量检验标准应符合表 1-1 的规定。

表 1-1 预压地基和塑料排水带质量检验标准

项次	序号	检查项目	允许偏差或允许值		检查方法
			单位	数值	
主控项目	1	预压载荷	%	≤2	水准仪
	2	固结度（与设计要求比）	%	≤2	根据设计要求采用不同的方法
	3	承载力或其他性能指标	设计要求		按规定方法
一般项目	1	沉降速率（与控制值比）	%	±10	水准仪
	2	砂井或塑料排水带位置	mm	±100	用钢尺量
	3	砂井或塑料排水带插入深度	mm	±200	插入时用经纬仪检查

续表

项次	序号	检查项目	允许偏差或允许值		检查方法
			单位	数值	
一般项目	4	插入塑料排水带时的回带长度	mm	≤500	用钢尺量
	5	塑料排水带或砂井高出砂垫层距离	mm	≥200	用钢尺量
	6	插入塑料排水带的回带根数	%	<5	目测

注：如真空预压，主控项目中预压载荷的检查为真空度降低值小于2%。

3. 高压喷射注浆地基质量检验标准应符合表 1-2 的规定。

表 1-2 高压喷射注浆地基质量检验标准

项次	序号	检查项目	允许偏差或允许值		检查方法
			单位	数值	
主控项目	1	水泥及外掺剂质量	符合出厂要求		查产品合格证书或抽样送检
	2	水泥用量	设计要求		查看流量表及水泥浆水灰比
	3	桩体强度或完整性检验	设计要求		按规定方法
	4	地基承载力	设计要求		按规定方法
一般项目	1	钻孔位置	mm	≤50	用钢尺量
	2	钻孔垂直度	%	≤1.5	经纬仪测钻杆或实测
	3	孔深	mm	±200	用钢尺量
	4	注浆压力	按设定参数指标		查看压力表
	5	桩体搭接	mm	>200	用钢尺量
	6	桩体直径	mm	≤50	开挖后用钢尺量
	7	桩身中心		≤0.2D	开挖后桩顶下 500mm 处用钢尺量，D 为桩径

4. 水泥土搅拌桩地基质量检验标准应符合表 1-3 的规定。

表 1-3 水泥土搅拌桩地基质量检验标准

项次	序号	检查项目	允许偏差或允许值 单位	允许偏差或允许值 数值	检查方法
主控项目	1	水泥及外渗剂质量	设计要求		查产品合格证书或抽样送检
	2	水泥用量	参数指标		查看流量计
	3	桩体强度	设计要求		按规定方法
	4	地基承载力	设计要求		按规定方法
一般项目	1	机头提升速度	m/min	≤0.5	量机头上升距离及时间
	2	桩底标高	mm	±200	测机头深度
	3	桩顶标高	mm	+200 −50	水准仪（最上部 500mm 不计入）
	4	桩位偏差	mm	<50	用钢尺量
	5	桩径		<0.04D	用钢尺量，D 为桩径
	6	垂直度	%	≤1.5	经纬仪
	7	搭接	mm	>200	用钢尺量

1.1.4 安全与环保措施

1. 施工机械应符合现行行业标准《建筑机械使用安全技术规程》(JGJ 33) 及《施工现场临时用电安全技术规范》(JGJ 46) 的有关规定，施工中应定期对其进行检查、维修，保证机械使用安全。

2. 合理安排工序，提高各种机械的使用率和满载率。

3. 施工现场场界噪声进行检测和记录，噪声排放不得超过国家标准。施工场地的强噪声设备宜设置在远离居民区的一侧，可采取对强噪声设备进行封闭等降低噪声措施。

4. 施工现场应有防止泥浆、污水、废水污染环境的措施。

5. 施工现场大门口应设置冲洗车辆设备，出场时必须将车辆清理干净，不得将泥沙带出现场。对施工现场及运输的易飞扬、细颗粒散体材料进行密闭、存放。

1.2 桩 基

1.2.1 施工要点

1. 工程桩在正式施工前宜进行试成孔（试沉桩）并形成书面试成（沉）桩记录，确定控制标准。

2. 桩基施工应充分考虑地质条件、场地条件、桩型、桩的材质、桩长持力层深度（最后压桩力）等因素选择适宜的桩机型号。

3. 混凝土预制桩、钢桩等打入桩应充分评估挤土效应对周边环境的影响，必要时应采取设置排水砂井、应力释放孔、挖防挤沟等措施，减少打入桩对周边管线、建（构）筑物的破坏。

1.2.2 质量要点

1. 在施工前应对桩的定位进行核验，定位偏差应符合规范要求。

2. 预制桩（混凝土预制桩、钢桩）在沉桩前应核查预制桩的混凝土龄期、桩径、桩身强度、外观质量及配桩长度是否符合要求。沉桩过程中应检查桩的打入（静压）深度

(进入持力层深度)、停锤标准(终止压桩力)、接桩质量、桩体垂直度、接桩停歇时间、桩顶完整状况。必要时应对电焊接头做探伤检测,检测数量应符合设计和规范的要求。

3. 灌注桩在灌注混凝土前应对桩径、孔底沉渣厚度、入岩岩层及长度、钢筋笼绑扎和安放、混凝土配合比、初灌量等过程进行检查。

1.2.3 质量验收

1. 打(压)入桩(预制混凝土方桩、先张法预应力管桩、钢桩)的桩位偏差必须符合表1-4的规定。斜桩倾斜度的偏差不得大于倾斜角正切值的15%(倾斜角系桩的纵向中心线与铅垂线间夹角)。

表1-4 预制桩(钢桩)桩位的允许偏差　　　　mm

序号	项　目	允许偏差
1	盖有基础梁的桩: (1) 垂直基础梁的中心线 (2) 沿基础梁的中心线	$100+0.01H$ $150+0.01H$
2	桩数为1~3根桩基中的桩	100
3	桩数为4~16根桩基中的桩	1/2桩径或边长
4	桩数大于16根桩基中的桩: (1) 最外边的桩 (2) 中间桩	1/3桩径或边长 1/2桩径或边长

注:H为施工现场地面标高与桩顶设计标高的距离。

2. 灌注桩的桩位偏差必须符合表1-5的规定,桩顶标高至少要比设计标高高出0.5m,桩底清孔质量按不同的成桩工艺有不同的要求,应按相关规范要求执行。每浇柱50m³必须有1组试件,小于50m³的桩,每根桩必须有1组试件。

表 1-5 灌注桩桩位的允许偏差　　　　　　mm

序号	成孔方法		桩径的允许偏差 /mm	垂直度的允许偏差 /%	桩位的允许偏差/mm	
					1~3根、单排桩垂直于中心线方向和群桩基础的边桩	条形桩基沿中心线方向和群桩基础的中间桩
1	泥浆护壁钻孔桩	$D \leq 1000$mm	±50	<1	$D/6$，且不大于100	$D/4$，且不大于150
		$D > 1000$mm	±50		$100+0.01H$	$150+0.01H$
2	套管成孔灌注桩	$D \leq 500$mm	−20	<1	70	150
		$D > 500$mm			100	150
3	千万孔灌注桩		−20	<1	70	150
4	人工挖孔桩	混凝土护壁	+50	<0.5	50	150
		钢套管护壁	+50	<1	100	200

注：1. 桩径的允许偏差的负值是指个别断面。
　　2. 采用复打、反插法施工的桩，其桩径的允许偏差不受表中限制。
　　3. H 为施工现场地面标高与桩顶设计标高的距离，D 为设计桩径。

3. 工程桩应进行承载力和桩身质量检验。检测数量和方法应符合《建筑基桩检测技术规范》（JGJ 106—2014）的规定和设计要求。

4. 对专用抗拔桩和水平承载力有特殊要求的桩基工程，应进行单桩抗拔静载试验和水平静载试验。检测数量和方法应符合《建筑基桩检测技术规范》（JGJ 106—2014）的规定和设计要求。

5. 先张法预应力管桩质量检验标准应符合表 1-6 的规定。

表1-6 先张法预应力管桩质量检验标准

项次	序号	检查项目		允许偏差或允许值		检查方法
				单位	数值	
主控项目	1	桩体质量检验		按基桩检测技术规范		按基桩检测技术规范
	2	桩位偏差		见表1-4		用钢尺量
	3	承载力		按基桩检测技术规范		按基桩检测技术规范
一般项目	1	成品桩质量	外观	无蜂窝、露筋、裂缝、色感均匀、桩顶处无孔隙		直观
			桩径	mm	±5	用钢尺量
			管壁厚度	mm	±5	用钢尺量
			桩尖中心线	mm	<2	用钢尺量
			顶面平整度	mm	10	用水平尺量
			桩体弯曲	mm	<1/1000L	用钢尺量,L为桩长
	2	电焊接桩焊接	上下端部错口	mm	≤3（外径≥700mm）	用钢尺量
				mm	≤2（外径<700mm）	用钢尺量
			焊缝咬边深度	mm	≤0.5	焊缝检查仪
			焊缝加强层高度	mm	2	焊缝检查仪
			焊缝加强层宽度	mm	2	焊缝检查仪
			焊缝电焊质量外观	无气孔，无焊瘤，无裂缝		直观
			焊缝探伤检验	满足设计要求		按设计要求

续表

项次	序号	检查项目	允许偏差或允许值		检查方法
			单位	数值	
一般项目	3	电焊结束后停歇时间	min	>1.0	抄表测定
	4	上下节平面偏差	mm	<10	用钢尺量
	5	节点弯曲矢高	mm	<1/1000L	用钢尺量，L为两节桩长
	6	停锤标准	设计要求		现场实测或查沉桩记录
	7	桩顶标高	mm	±50	水准仪

6. 混凝土灌注桩质量检验标准应符合表1-7、表1-8的规定。

表1-7 混凝土灌注桩钢筋笼质量检验标准　　mm

项次	序号	检查项目	允许偏差或允许值	检查方法
主控项目	1	主筋间距	±10	用钢尺量
	2	长度	±100	用钢尺量
一般项目	1	钢筋材质检验	设计要求	抽样送检
	2	箍筋间距	±20	用钢尺量
	3	直径	±10	用钢尺量

表1-8 混凝土灌注桩质量检验标准

项次	序号	检查项目	允许偏差或允许值		检查方法
			单位	数值	
主控项目	1	桩位	见表1-5		基坑开挖前量护筒，开挖后量桩中心

续表

项次	序号	检查项目	允许偏差或允许值		检查方法
			单位	数值	
主控项目	2	孔深	mm	+300	只深不浅，用重锤测，或测钻杆、套管长度，嵌岩桩应确保进入设计要求的嵌岩深度
	3	桩体质量检验	按基桩检测技术规范。如钻芯取样，大直径嵌岩桩应钻至尖下50cm		按基桩检测技术规范
	4	混凝土强度	设计要求		试件报告或钻芯取样送检
	5	承载力	按基桩检测技术规范		按基桩检测技术规范
一般项目	1	垂直度	见表1-5		测套管或钻杆，或用超声波探测，干施工时吊垂球
	2	桩径	见表1-5		井径仪或超声波检测，干施工时用钢尺量，人工挖孔桩不包括内衬厚度
	3	泥浆相对密度（黏土或砂性土中）	1.15～1.20		用比重计测，清孔后在距孔底50cm处取样
	4	泥浆面标高（高于地下水位）	m	0.5～1.0	目测
	5	沉渣厚度 端承桩	mm	≤50	用沉渣仪或重锤测量
		沉渣厚度 摩擦桩	mm	≤150	
	6	混凝土坍落度 水下灌注	mm	160～220	坍落度仪
		混凝土坍落度 干施工	mm	70～100	

续表

项次	序号	检查项目	允许偏差或允许值		检查方法
			单位	数值	
一般项目	7	钢筋笼安装深度	mm	±100	用钢尺量
	8	混凝土充盈系数		>1	检查每根桩的实际灌注量
	9	桩顶标高	mm	+30 −50	水准仪，需扣除桩顶浮浆层及劣质桩体

1.2.4 安全与环保措施

1. 混凝土及砂浆搅拌机械应符合现行行业标准《建筑机械使用安全技术规程》(JGJ 33)及《施工现场临时用电安全技术规范》(JGJ 46)的有关规定，施工中应定期对其进行检查、维修，保证机械使用安全。施工现场宜充分利用太阳能。

2. 施工现场生产、生活用水应使用节水型生活用水器具，在水源处应设置明显的节约用水标志。施工现场应充分利用雨水资源，设置沉淀池、废水回收设施。

3. 合理安排施工时间、施工场地的强噪声设备宜设置在远离居民区的一侧，尽量减少噪声、粉尘排放扰民。当噪声设备无法远离居民区，且噪声排放超过国家标准的，可采取对强噪声设备进行封闭等降低噪声措施。

4. 灌注桩的泥浆应经沉淀池沉淀后及时清运，施工现场大门口应设置冲洗车辆设备，出场时必须将车辆清理干净，不得将泥沙带出现场。对施工现场及运输的易飞扬、细颗粒散体材料进行密闭、存放，对长期裸露的土方应采取覆盖或固化等防尘措施。

5. 泥浆池、桩洞口应设置防护措施和安全警示标志。

1.3 基坑工程

1.3.1 施工要点

1. 在基坑（槽）或管沟工程等开挖施工中，当可能对邻近建（构）筑物、地下管线、永久性道路产生危害时，应对基坑（槽）、管沟进行支护后再开挖。支护方案应由具有相应资质的设计单位设计制订。

2. 施工单位应根据设计方案和施工现场实际条件制订施工方案，经各部门批准签认后实施。

3. 土方开挖前应对支护结构进行检查验收，符合要求后方可进行土方开挖，土方开挖的深度、顺序、方法等应与设计工况相一致，并遵循"先撑后挖，分层开挖，严禁超挖"的原则。

4. 基坑（槽）、管沟土方施工中应对支护结构、周围环境进行观察和监测，监测点数量、监测频率应符合设计和规范的要求，出现异常情况应及时处理，待恢复正常后方可继续施工。

5. 基坑（槽）、管沟开挖至设计标高后，应对坑底进行保护，经验槽合格后，方可进行垫层施工。对特大型基坑，宜分区分块挖至设计标高，分区分块及时浇筑垫层。必要时，可加强垫层。

6. 现场应配备应急电源（或双回路供电）、砂包等必要的应急物质，并确保能及时正常使用。

1.3.2 质量要点

地下连续墙施工中应检查成槽的垂直度、槽底的淤积物厚度、泥浆比重、钢筋笼尺寸、浇注导管位置、混凝土上升速度、浇注面标高、地下墙连接面的清洗程度、商品混凝土的坍落度、锁口管或接头箱的拔出时间及速度等。

1.3.3 质量验收

地下墙的钢筋笼检验标准应符合表1-9的规定。

表1-9 地下墙质量检验标准

项次	序号	检查项目		允许偏差或允许值		检查方法
				单位	数值	
主控项目	1	墙体强度		设计要求		查试件记录或取芯试压
	2	垂直度：永久结构 临时结构			1/300 1/150	测声波测槽仪或成槽机上的监测系统
一般项目	1	导墙尺寸	宽度	mm	W+40	用钢尺量，W为地下墙设计厚度
			墙面平整度	mm	<5	用钢尺量
			导墙平面位置	mm	±10	用钢尺量
	2	沉渣厚度	永久结构	mm	≤100	重锤或沉积物测定仪测
			临时结构	mm	≤200	
	3	槽深		mm	+100	重锤测
	4	混凝土坍落度		mm	180~220	坍落度测定器
	5	钢筋笼尺寸		见表1-7		
	6	地下墙表面平整度	永久结构	mm	<100	此为均匀黏土层，松散及易塌土层由设计决定
			临时结构	mm	<150	
			插入式结构	mm	<20	
	7	永久结构时的预埋件	水平向	mm	≤10	用钢尺量
			垂直向	mm	≤20	水准仪

1.3.4 安全与环保措施

1. 施工机械应符合现行行业标准《建筑机械使用安全技术规程》(JGJ 33)及《施工现场临时用电安全技术规范》(JGJ 46)的有关规定，施工中应定期对其进行检查、维修，保证机械使用安全。施工机械设备应建立按时保养、保修、检验制度，应选用高效节能电动机，选用噪声标准较低的施工机械、设备，对机械、设备采取必要的消声、隔振和减振措施。施工现场宜充分利用太阳能。

2. 对施工现场场界噪声进行检测和记录，噪声排放不得超过国家标准。施工场地的强噪声设备宜设置在远离居民区的一侧，可采取对强噪声设备进行封闭等降低噪声措施。

3. 施工现场生产、生活用水应使用节水型生活用水器具，在水源处应设置明显的节约用水标志。施工现场应充分利用雨水资源，设置沉淀池、废水回收设施。

4. 泥浆应经沉淀池沉淀后及时清运，施工现场大门口应设置冲洗车辆设备，出场时必须将车辆清理干净，不得将泥沙带出现场。

5. 施工现场的主要道路，宜进行硬化处理或采取其他扬尘控制措施。对施工过程中，可能造成扬尘的露天堆储材料及运输的易飞扬、细颗粒散体材料进行密闭、存放，对长期裸露的土方应采取覆盖或固化等防尘措施。

6. 电、气焊作业前应取得动火证，施工作业时，应有防火措施和专人看管。

7. 混凝土外加剂、养护剂的使用，应满足环境保护和人身健康的要求。施工中可能接触有害物质的操作人员应采取有效的防护措施。

2 砌体工程

2.1 砌筑砂浆

2.1.1 施工要点

1. 砂浆用砂宜采用过筛中砂,并应满足下列要求:

(1) 不应混有草根、树叶、树枝、塑料、煤块、炉渣等杂物。

(2) 砂中含泥量、泥块含量、石粉含量和云母、轻物质、有机物、硫化物、硫酸盐及氯盐含量(配筋砌体砌筑用砂)等应符合现行行业标准《普通混凝土用砂、石质量及检验方法标准》(JGJ 52)的有关规定。

(3) 人工砂、山砂及特细砂,应经试配能满足砌筑砂浆技术条件要求。

2. 砌筑砂浆应采用机械搅拌,搅拌时间自投料完起算应符合下列规定:

(1) 水泥砂浆和水泥混合砂浆不得少于120s。

(2) 水泥粉煤灰砂浆和掺用外加剂的砂浆不得少于180s。

(3) 掺增塑剂的砂浆,其搅拌方式、搅拌时间应符合现行行业标准《砌筑砂浆增塑剂》(JG/T 164)的有关规定。

(4) 干混砂浆及加气混凝土砌块专用砂浆宜按掺用外加

剂的砂浆确定搅拌时间或按产品说明书采用。

3. 现场拌制的砂浆应随拌随用，拌制的砂浆应在3h内使用完毕；当施工期间最高气温超过30℃时，应在2h内使用完毕。

4. 预拌砂浆及蒸压加气混凝土砌块专用砂浆的使用时间应按照厂方提供的说明书确定。

5. 湿拌砂浆在储存、使用过程中不应加水。当存放过程中出现少量泌水时，应拌合均匀后使用。干混砂浆及其他专用砂浆在运输和储存过程中，不得淋水、受潮、靠近火源或高温。袋装砂浆应防止硬物划破包装袋。

2.1.2 质量要点

1. 不同种类的砌筑砂浆不得混合使用。配制砌筑砂浆时，各组分材料应采用质量计量，水泥及各种外加剂配料的允许偏差为±2%；砂、粉煤灰、石灰膏等配料的允许偏差为±5%。

2. 水泥使用应符合下列规定：

（1）水泥进场时应对其品种、等级、包装或散装仓号、出厂日期等进行检查，并应对其强度、安定性进行复验，其质量必须符合现行国家标准《通用硅酸盐水泥》（GB 175）的有关规定。

（2）当在使用中对水泥质量有怀疑或水泥出厂超过三个月（快硬硅酸盐水泥超过一个月）时，应复查试验，并按复验结果使用。

（3）不同品种的水泥，不得混合使用。

3. 拌制水泥混合砂浆的粉煤灰、建筑生石灰、建筑生石灰粉及石灰膏应符合下列规定：

（1）粉煤灰、建筑生石灰、建筑生石灰粉的品质指标应符合现行行业标准《粉煤灰在混凝土和砂浆中应用技术规程》(JGJ 28)、《建筑生石灰》(JC/T 479)的有关规定。

(2) 建筑生石灰、建筑生石灰粉熟化为石灰膏,其熟化时间分别不得少于7d和2d;沉淀池中储存的石灰膏,应防止干燥、冻结和污染,严禁采用脱水硬化的石灰膏;建筑生石灰粉、消石灰粉不得替代石灰膏配制水泥石灰砂浆。

(3) 石灰膏的用量,应按稠度(120±5) mm计量。

4. 施工中不应采用强度等级小于M5的水泥砂浆替代同强度等级水泥混合砂浆,如需替代,应将水泥砂浆提高一个强度等级。

5. 凡在砂浆中掺入有机塑化剂、早强剂、缓凝剂、防冻剂等,其品种和用量应经有资质的检测单位检验和试配符合要求后方可使用。所用外加剂的技术性能应符合现行国家或行业标准《砌筑砂浆增塑剂》(JG/T 164)、《混凝土外加剂》(GB 8076)、《砂浆、混凝土防水剂》(JC 474)的质量要求。

2.1.3 质量验收

1. 砌筑砂浆试块强度验收时,其强度合格标准应符合下列规定:

(1) 同一验收批砂浆试块强度平均值应大于或等于设计强度等级值的1.10倍。

(2) 同一验收批砂浆试块抗压强度的最小一组平均值应大于或等于设计强度等级值的85%。

注:砌筑砂浆的验收批,同一类型、强度等级的砂浆试块不应少于3组;同一验收批砂浆只有1组或2组试块时,每组试块抗压强度平均值应大于或等于设计强度等级值的1.10倍;对于建筑结构的安全等级为一级或设计使用年限为50年及其以上的房屋,同一验收批砂浆试块的数量不得少于3组。

（3）砂浆强度应以标准养护、28d 龄期的试块抗压强度为准。

（4）制作砂浆试块的砂浆稠度应与配合比设计的一致。

2. 当施工中或验收时出现下列情况时，可采用现场检验方法对砂浆或砌体强度进行实体检测，判定其强度：

（1）砂浆试块缺乏代表性或试块数量不足。

（2）对砂浆试块的试验结果有怀疑或争议。

（3）砂浆试块的试验结果不能满足设计要求。

（4）发生工程事故，需要进一步分析事故原因。

2.1.4 安全与环保措施

1. 砂浆搅拌机械应符合现行行业标准《建筑机械使用安全技术规程》（JGJ 33）及《施工现场临时用电安全技术规范》（JGJ 46）的有关规定，施工中应定期对其进行检查、维修，保证机械使用安全。施工现场宜充分利用太阳能。

2. 施工现场生产、生活用水应使用节水型生活用水器具，在水源处应设置明显的节约用水标志。施工现场应充分利用雨水资源，设置沉淀池、废水回收设施。

3. 对施工现场场界噪声进行检测和记录，噪声排放不得超过国家标准。施工场地的强噪声设备宜设置在远离居民区的一侧，可采取对强噪声设备进行封闭等降低噪声措施。

4. 施工现场大门口应设置冲洗车辆设备，出场时必须将车辆清理干净，不得将泥沙带出现场。对施工现场及运输的易飞扬、细颗粒散体材料进行密闭、存放。

5. 成品砂浆存储、使用中应设置防尘、防潮措施。砌筑中产生的废弃砂浆应及时清理。

2.2 砖砌体工程

2.2.1 施工要点

1. 砌筑砖砌体时，砖应提前1～2d浇水湿润，严禁采用干砖或处于吸水饱和状态的砖砌筑；混凝土多孔砖及混凝土实心砖不需要浇水湿润，但在气候干燥炎热的情况下，宜在砌筑前对其喷水湿润。

2. 砌砖工程当采用铺浆法砌筑时，铺浆长度不得超过750mm；施工期间气温超过30℃时，铺浆长度不得超过500mm。

3. 240mm厚承重墙的每层墙的最上一皮砖，砖砌体的台阶水平面上及挑出层的外皮砖应整砖丁砌。

4. 砖过梁底部的模板及其支架拆除时，灰缝砂浆强度不应低于设计强度的75%。

5. 砖砌体的转角处和交接处应同时砌筑，严禁无可靠措施的内外墙分砌施工。在抗震设防烈度为8度及8度以上地区，对不能同时砌筑而又必须留置的临时间断处应砌成斜槎，普通砖砌体斜槎水平投影长度不应小于高度的2/3，多孔砖砌体的斜槎长高比不应小于1/2。斜槎高度不得超过一步脚手架的高度。

2.2.2 质量要点

1. 砌体砌筑时，混凝土多孔砖、混凝土实心砖、蒸压灰砂砖、蒸压粉煤灰砖等块体的产品龄期不应小于28d。

2. 竖向灰缝不应出现瞎缝、透明缝和假缝。

3. 不同品种的砖不得在同一楼层混砌。

2.2.3 质量验收

1. 主控项目

（1）砖和砂浆的强度等级必须符合设计要求。

（2）砌体灰缝砂浆应密实饱满，砖墙水平灰缝的砂浆饱满度不得低于80%；砖柱水平灰缝和竖向灰缝饱满度不得低于90%。

（3）非抗震设防及抗震设防烈度为6度、7度地区的临时间断处，当不能留斜槎时，除转角处外，可留直槎，但直槎必须做成凸槎，且应加设拉结钢筋，拉结钢筋应符合下列规定：

1）每120mm墙厚放置1φ6拉结钢筋（120mm厚墙应放置2φ6拉结钢筋）。

2）间距沿墙高不应超过500mm，且竖向间距偏差不应超过100mm。

3）埋入长度从留槎处算起每边均不应小于500mm，对抗震设防烈度6度、7度的地区，不应小于1000mm。

4）末端应有90°弯钩。

2. 一般项目

砖砌体尺寸、位置的允许偏差及检验方法应符合表2-1的规定。

表2-1 砖砌体尺寸、位置的允许偏差及检验方法

项次	项目	允许偏差/mm	检验方法	抽查数量
1	轴线位移	10	用经纬仪和尺或其他测量仪器检查	承重墙、柱全数检查
2	基础、墙、柱顶面标高	±15	用水准仪和尺检查	不应少于5处

续表

项次	项目		允许偏差/mm	检验方法	抽查数量
3	墙面垂直度	每层	5	用2m托线板检查	不应少于5处
		全高 ≤10m	10	用经纬仪、吊线和尺或其他测量仪器检查	外墙全部阳角
		全高 >10m	20		
4	表面平整度	清水墙、柱	5	用2m靠尺和楔形塞尺检查	不应少于5处
		混水墙、柱	8		
5	水平灰缝平直度	清水墙	7	拉5m线和尺检查	不应少于5处
		混水墙	10		
6	门窗洞口高、宽（后塞口）		±10	用尺检查	不应少于5处
7	外墙上下窗口偏移		20	以底层窗口为准，用经纬或吊线检查	不应少于5处
8	清水墙游丁走缝		20	以每层第一皮砖为准，用吊线和尺检查	不应少于5处

2.2.4 安全与环保措施

1. 施工机械应符合现行行业标准《建筑机械使用安全技术规程》(JGJ 33)及《施工现场临时用电安全技术规范》(JGJ 46)的有关规定，施工中应定期对其进行检查、维修，保证机械使用安全。采用升降机、龙门架及井架物料提升机运输材料设备时，应符合现行行业标准《建筑施工升降机安装、使用、拆卸安全技术规程》(JGJ 215)和《龙门架及井架物料提升机安全技术规范》(JGJ 88)的有关规定，且一次提升总重量不得超过机械额定起重或提升能力，并应有防散落、抛撒措施。施工机械设备应建立按时保养、保修、检验制度，应选用高效节能电动机，选用噪声标准较低的施工机械、设备，对机械、设备采取必要的消声、隔振和减振措施。施工现场宜充分利用太阳能。

2. 落地扣件式钢管脚手架搭设应符合现行行业标准《建筑施工扣件式钢管脚手架安全技术规范》（JGJ 130）的规定，脚手架作业层上的施工荷载应符合设计要求，不得超载，脚手架的安全检查与维护应按规定进行，安全网应按有关规定搭设或拆除。

3. 施工人员应经安全技术交底和安全文明施工教育后才可进入工地施工操作，施工现场应加强安全管理，安排专职安全巡逻员，设置黄沙桶、灭火器等消防设备。施工现场应安排专人洒水、清扫。

4. 作业人员在脚手架上施工时，不得向架外砍砖；在脚手架上堆普通砖、多孔砖不得超过3层，空心砖或砌块不得超过2层。

5. 施工现场拌制砂浆及混凝土时，搅拌机应有防风、隔声的封闭围护设施，并宜安装除尘装置，其噪声限值应符合国家有关规定。施工现场进行剔凿，砖、石材切割作业时，作业面局部应遮挡、掩盖或采取水淋等降尘措施。切割作业区域的机械应进行封闭围护，减少扬尘和噪声排放。高处作业时不得扬物料、垃圾、粉尘以及洒废水。

6. 施工现场生产、生活用水应使用节水型生活用水器具，在水源处应设置明显的节约用水标志。施工现场应充分利用雨水资源，设置沉淀池、废水回收设施。

7. 施工现场应建立封闭式垃圾站，并对建筑垃圾按不可再利用垃圾与可再利用垃圾进行分别存放，对可循环利用的建筑垃圾进行再分类，建立相应的项目部台账。

2.3 小型砌块

2.3.1 施工要点

1. 底层室内地面以下或防潮层以下的砌体，应采用强度等级不低于C20（或Cb20）的混凝土灌实小砌块的孔洞。

2. 小砌块应将生产时的底面朝上反砌于墙上。

3. 砌筑普通混凝土小型空心砌块砌体，不需对小砌块浇水湿润，如遇天气干燥炎热，宜在砌筑前对其喷水湿润；对轻骨料混凝土小砌块，应提前浇水湿润，块体的相对含水率宜为40%~50%。雨天及小砌块表面有浮水时，不得施工。

4. 墙体转角处和纵横交接处应同时砌筑。临时间断处应砌成斜槎，斜槎水平投影长度不应小于斜槎高度。施工洞口可预留直槎，但在洞口砌筑和补砌时，应在直槎上下搭砌的小砌块孔洞内用强度等级不低于C20（或Cb20）的混凝土灌实。

2.3.2 质量要点

1. 施工采用的小砌块的产品龄期不应小于28d。

2. 承重墙体使用的小砌块应完整、无破损、无裂缝。

3. 小砌块墙体应孔对孔、肋对肋错缝搭砌。单排孔小砌块的搭接长度应为块体长度的1/2；多排孔小砌体的搭接长度可适当调整，但不宜小于小砌块长度的1/3，且不应小于90mm。墙体的个别部位不能满足上述要求时，应在灰缝中设置拉结钢筋或钢筋网片，但竖向缝仍不得超过2皮小砌块。

2.3.3 质量验收

1. 主控项目

（1）小砌块和芯柱混凝土、砌筑砂浆的强度等级必须符合设计要求。

（2）砌体水平灰缝和竖向灰缝的砂浆饱满度，按净面积计算不得低于90%。

（3）墙体转角处和纵横交接处应同时砌筑。临时间断处应砌成斜槎，斜槎水平投影长度不应小于斜槎高度。施工洞口可预留直槎，但在洞口砌筑和补砌时，应在直槎上下搭砌的小砌块孔洞内用强度等级不低于C20（或Cb20）的混凝土灌实。

（4）小砌块砌体的芯柱在楼盖处应贯通，不得削弱芯柱截面尺寸；芯柱混凝土不得漏灌。

2. 一般项目

（1）砌体的水平灰缝厚度和竖向灰缝宽度宜为10mm，但不应小于8mm，也不应大于12mm。

（2）小砌块砌体的尺寸、位置的允许偏差应按表2-1的规定执行。

2.3.4 安全与环保措施

同2.2砖砌体工程的2.2.4的要求。

2.4 填充墙砌体工程

2.4.1 施工要点

1. 砌筑填充墙时，轻骨料混凝土小型空心砌块和蒸压加气混凝土砌块的龄期不应小于28d。

2. 吸水率较小的轻骨料混凝土小型空心砌块及采用薄灰砌筑法施工的蒸压加气混凝土砌块，砌筑前不应对其浇（喷）水湿润；在天气干燥炎热的情况下，吸水率较小的轻骨料混凝土小型空心砌块宜在施工前喷水湿润。采用烧结空心砖、吸水率较大的轻骨料混凝土小型空心砌块前块材应提前1~2d浇水湿润。

3. 在厨房、卫生间、浴室等处采用轻骨料混凝土小型空心砌块、蒸压加气混凝土砌块砌筑墙体时，墙底部宜现浇混凝土坎台，其高度宜为150mm。

2.4.2 质量要点

1. 蒸压加气混凝土砌块、轻骨料混凝土小型空心砌块不应与其他块体混砌、不同强度等级的同类块体也不得混砌。

注：窗台处和因安装门窗需要，在门窗洞口处两侧填充墙上、中、下部可采用其他块体局部嵌砌；对与框架柱、梁不脱开方法的填充墙，填塞填充墙顶部与梁之间缝隙可采用其他块体。

2. 填充墙砌体砌筑，应待承重主体结构检验批验收合格后进行，填充墙与承重主体结构间的空（缝）隙部位施工应在填充墙砌筑14d后进行。

2.4.3 质量验收

1. 主控项目

（1）烧结空心砖、小砌块和砌筑砂浆的强度等级应符合设计要求。

（2）填充墙砌体应与主体结构可靠连接，其连接构造应符合设计要求，未经设计同意，不得随意改变连接构造方法。每一填充墙与柱的拉结筋的位置超过一皮块体高度的数量不得多于一处。

（3）填充墙与承重墙、柱、梁的连接钢筋，当采用化学植筋的连接方式时，应进行实体检测。锚固钢筋拉拔试验的轴向受拉非破坏承载力检验值应为6.0kN。抽检钢筋在检验值作用下应基材无裂缝、钢筋无滑移宏观裂损现象；持荷2min期间荷载值降低不大于5%。

2．一般项目

（1）填充墙砌体尺寸、位置的允许偏差及检验方法应符合表2-2的规定。

表 2-2 填充墙砌体尺寸、位置的允许偏差及检验方法

项次	项目		允许偏差/mm	检验方法
1	轴线位移		10	用尺检查
2	垂直度（每层）	≤3m	5	用2m托线板或吊线、尺检查
		>3m	10	
3	表面平整度		8	用2m靠尺和楔形尺检查
4	门窗洞口高、宽（后塞口）		±10	用尺检查
5	外墙上、下窗口偏移		20	用经纬仪或吊线检查

（2）填充墙砌体留置的拉结钢筋或钢筋网片的位置应与块体皮数相符合。拉结钢筋或钢筋网片应置于灰缝中，埋置长度应符合设计要求，竖向位置偏差不应超过一皮块体高度。

（3）填充墙砌筑时应错缝搭砌，蒸压加气混凝土砌块搭砌长度不应小于砌块长度的1/3；轻骨料混凝土小型空心砌块搭砌长度不应小于90mm；竖向通缝不应大于2皮。

（4）填充墙砌至接近梁、板底时，应留一定空隙，待填充墙砌筑完并应至少间隔7d后，再将其补砌挤紧。

2.4.4 安全与环保措施

同2.2砖砌体工程的2.2.4的要求。

3 混凝土工程

3.1 模板分项工程

3.1.1 施工要点

1. 模板工程应编制专项施工方案。滑模、爬模、飞模等工具式模板工程及高大模板支架工程的专项施工方案应进行专家论证。

2. 安拆人员应取得《建筑施工特种作业人员操作资格证书》方可上岗从事相应作业。安装前，项目技术负责人应对操作人员进行全面的安全技术交底，并履行签字手续。

3. 支撑梁、板的支架立柱，其纵横向间距应相等或成倍数。每根立柱底部应设置底座及垫板，垫板厚度不得小于50mm。立柱接长严禁搭接，必须采用对接扣件连接，相邻两立柱的对接接头不得在同步内。当立柱底部不在同一高度时，高处的纵向扫地杆应向低处延长不少于2跨，高低差不得大于1m，立柱距边坡上方边缘不得小于0.5m。

4. 钢管扫地杆、水平拉杆应采用对接；剪刀撑应采用搭接，搭接长度不小于500mm，并应采用2个旋转扣件分别在离杆端不小于100mm处进行固定。

5. 后浇带的模板及支架应独立设置。

6. 模板拆除时，可采取先支的后拆、后支的先拆，先拆非承重模板、后拆承重模板的顺序，并应从上而下进行拆除。

7. 底模及支架应在混凝土强度达到设计要求后再拆除；当设计无具体要求时，同条件养护的混凝土立方体试件抗压强度应符合表 3-1 的规定。

表 3-1 底模拆除时的混凝土强度要求

构件类型	构件跨度/m	达到设计混凝土强度等级值的百分率/%
板	≤2	≥50
	>2, ≤8	≥75
	>8	≥100
梁、拱、壳	≤8	≥75
	>8	≥100
悬臂结构		≥100

8. 对于后张预应力混凝土结构构件，侧模宜在预应力张拉前拆除；底模支架不应在结构构件建立预应力前拆除。

3.1.2 质量要点

1. 模板及支架应根据安装、使用和拆除工况进行设计，并应满足承载力、刚度和整体稳固性要求。

2. 模板及支架设计应包括下列内容：

（1）模板及支架的选型及构造设计。

（2）模板及支架上的荷载及效应计算。

（3）模板及支架的承载力、刚度和稳定性验算。

（4）制定模板安装及拆除的程序和方法。

（5）编制模板及配件的规格、数量汇总表和周转使用计划。

（6）编制模板施工安全、防火技术措施。

（7）绘制模板支架施工图。

3. 支架的立杆间距、步距应与设计方案相符，支架的垂直斜撑和水平斜撑等构造措施应符合设计方案要求和国家现行有关钢管脚手架标准的规定,并与支架同步搭设。

4.隔离剂的品种和涂刷方法应符合施工方案的要求。隔离剂不得影响结构性能和装饰施工;不得污染钢筋、预应力筋、预埋件和混凝土接槎处;不得对环境造成污染。

5.模板安装应符合下列规定:

(1)模板的接缝应严密。

(2)模板内不应有杂物、积水或冰雪等。

(3)模板与混凝土的接触面应平整、清洁。

(4)用作模板的地坪、胎膜等应平整、清洁,不应有影响构件质量的下沉、裂缝、起砂或起鼓。

(5)对清水混凝土及装饰混凝土构件,应使用能达到设计效果的模板。

3.1.3 质量验收

1.主控项目

(1)模板及支架用材料的技术指标应符合国家现行有关标准的规定。进场时应抽样检验模板和支架材料的外观、规格和尺寸。

(2)现浇混凝土结构模板及支架的安装质量,应符合国家现行有关标准的规定和施工方案的要求。

(3)支架竖杆和竖向模板安装在土层上时,应符合下列规定:

1)土层应坚实、平整,其承载力或密实度应符合施工方案的要求。

2)应有防水、排水措施;对冻胀性土,应有预防冻融措施。

3)支架竖杆下应有底座或垫板。

2. 一般项目

(1) 模板安装质量应符合下列规定：

1) 模板的接缝应严密。

2) 模板内不应有杂物、积水或冰雪等。

3) 模板与混凝土的接触面应平整、清洁。

4) 用作模板的地坪、胎膜等应平整、清洁，不应有影响构件质量的下沉、裂缝、起砂或起鼓。

5) 对清水混凝土及装饰混凝土构件，应使用能达到设计效果的模板。

(2) 隔离剂的品种和涂刷方法应符合施工方案的要求。隔离剂不得影响结构性能及装饰施工；不得沾污钢筋、预应力筋、预埋件和混凝土接槎处；不得对环境造成污染。

(3) 模板的起拱应符合现行国家标准《混凝土结构工程施工规范》(GB 50666) 的规定，并应符合设计及施工方案的要求。

(4) 现浇混凝土结构多层连续支模应符合施工方案的要求。上下层模板支架的竖杆宜对准。竖杆下垫板的设置应符合施工方案的要求。

(5) 固定在模板上的预埋件和预留孔洞不得遗漏，且应安装牢固。有抗渗要求的混凝土结构中的预埋件，应按设计及施工方案的要求采取防渗措施。预埋件和预留孔洞的位置应满足设计和施工方案的要求；当设计无具体要求时，其位置偏差应符合表 3-2 的规定。

表 3-2 预埋件和预留孔洞安装的允许偏差

项目	允许偏差/mm
预埋板中心线位置	3
预埋管、预留孔中心线位置	3

续表

项目		允许偏差/mm
插筋	中心线位置	5
	外露长度	+10，0
预埋螺栓	中心线位置	2
	外露长度	+10，0
预留洞	中心线位置	10
	尺寸	+10，0

注：检查中心线位置时，沿纵、横两个方向量测，并取其中偏差的较大值。

(6) 现浇结构模板安装的尺寸偏差及检验方法应符合表3-3的规定。

表3-3 现浇结构模板安装的允许偏差及检验方法

项目		允许偏差/mm	检验方法
轴线位置		5	尺量
底模上表面标高		±5	水准仪或拉线、尺量
模板内部尺寸	基础	±10	尺量
	柱、墙、梁	±5	尺量
	楼梯相邻踏步高差	5	尺量
柱、墙垂直度	层高≤6m	8	经纬仪或吊线、尺量
	层高>6m	10	经纬仪或吊线、尺量
相邻模板表面高差		2	尺量
表面平整度		5	2m靠尺和塞尺量测

注：检查轴线位置当有纵、横两个方向时，沿纵、横两个方向量测，并取其中偏差的较大值。

(7) 预制构件模板安装的偏差及检验方法应符合表3-4的规定。

表 3-4 预制构件模板安装的允许偏差及检验方法

项目		允许偏差/mm	检验方法
长度	梁、板	±4	尺量两侧边，取其中较大值
	薄腹梁、桁架	±8	
	柱	0,10	
	墙板	0,5	
宽度	板、墙板	0,5	尺量两端及中部，取其中较大值
	梁、薄腹梁、桁架	+2,5	
高（厚）度	板	+2,3	尺量两端及中部，取其中较大值
	墙板	0,5	
	梁、薄腹梁、桁架、柱	+2,5	
侧向弯曲	梁、板、柱	$L/1000$ 且 $\leqslant 15$	拉线、尺量最大弯曲处
	墙板、薄腹梁、桁架	$L/1500$ 且 $\leqslant 15$	
板的表面平整度		3	2m 靠尺和塞尺量测
相邻两板表面高低差		1	尺量
对角线差	板	7	尺量两对角线
	墙板	5	
翘曲	板、墙板	$L/1500$	水平尺在两端量测
设计起拱	薄腹梁、桁架、梁	±3	拉线、尺量跨中

注：L 为构件长度（mm）。

3.1.4 安全与环保措施

1. 施工机械应符合现行行业标准《建筑机械使用安全技术规程》（JGJ 33）及《施工现场临时用电安全技术规范》（JGJ 46）的有关规定，施工中应定期对其进行检查、维修，保证机械使用安全。施工机械设备应建立按时保养、保修、检验制度，应选用高效节能电动机，选用噪声标准较低的施工机械、设备，对机械、设备采取必要的消声、隔振和减振措施。施工现场宜充分利用太阳能。

2. 施工人员应经安全技术交底和安全文明施工教育后才可进入工地施工操作，施工现场应加强安全管理，安排专职安全巡逻员，设置黄沙桶、灭火器等消防设备。施工现场应安排专人洒水、清扫。

3. 电、气焊作业前应取得动火证，施工作业时，应有防火措施和专人看管；工地临时用电线路的架设及脚手架接地、避雷措施等应按现行标准规定执行。施工操作中，工具要随手放入工具袋内，上下传递材料或工具时不得抛掷。

4. 对施工现场场界噪声进行检测和记录，噪声排放不得超过国家标准。施工场地的强噪声设备宜设置在远离居民区的一侧，可采取对强噪声设备进行封闭等降低噪声措施。

5. 落地扣件式钢管脚手架搭设应符合现行行业标准《建筑施工扣件式钢管脚手架安全技术规范》（JGJ 130）的规定，脚手架作业层上的施工荷载应符合设计要求，不得超载，脚手架的安全检查与维护应按规定进行，安全网应按有关规定搭设或拆除。

6. 施工现场应建立封闭式垃圾站，并对建筑垃圾按不可再利用垃圾与可再利用垃圾进行分别存放，对可循环利用的建筑垃圾进行再分类，建立相应的项目部台账。

7. 支模过程中如遇中途停歇，应将已就位模板或支架连接稳固，不得浮搁或悬空。拆模中途停歇时，应将已松扣或已拆松的模板、支架等拆下运走，防止构件坠落或作业人员扶空坠落伤人。

3.2 钢筋分项工程

3.2.1 施工要点

1. 钢筋加工前应将表面清理干净。

2. 钢筋加工宜在常温状态下进行，加工过程中不应对钢筋进行加热。钢筋应一次弯折到位。

3. 当需要进行钢筋代换时，应办理设计变更手续。

4. 钢筋宜采用无延伸功能的机械进行调直，也可采用冷拉法调直。当采用冷拉法调直时，冷拉率应符合相关规范的要求，钢筋调直过程中不应损伤带肋钢筋的横肋。调直后的钢筋应平直，不应有局部弯折。

5. 钢筋焊接（机械连接）正式施工前，应进行工艺检验，焊接作业人员应持证上岗。

3.2.2 质量要点

1. 浇筑混凝土之前，应进行钢筋隐蔽工程验收。钢筋隐蔽工程验收应包括下列主要内容：

（1）纵向受力钢筋的牌号、规格、数量、位置。

（2）钢筋的连接方式、接头位置、接头质量、接头面积百分率、搭接长度、锚固方式及锚固长度。

（3）箍筋、横向钢筋的牌号、规格、数量、间距、位置，箍筋弯钩的弯折角度及平直段长度。

（4）预埋件的规格、数量和位置。

2. 钢筋弯折的弯弧内直径应符合下列规定：

（1）光圆钢筋，不应小于钢筋直径的2.5倍。

（2）335MPa级、400MPa级带肋钢筋，不应小于钢筋直径的4倍。

（3）500MPa级带肋钢筋，当直径为28mm以下时，不应小于钢筋直径的6倍；当直径为28mm及以上时，不应小于钢筋直径的7倍。

（4）箍筋弯折处尚不应小于纵向受力钢筋的直径。

3. 纵向受力钢筋的弯折后平直段长度应符合设计要求。光圆钢筋末端做180°弯钩时，弯钩的平直段长度不应小于钢筋直径的3倍。

4. 钢筋接头宜设置在受力较小处。同一纵向受力钢筋不宜设置两个或两个以上接头。接头末端至钢筋弯起点的距离不应小于钢筋公称直径的10倍。

5. 钢筋接头的位置应符合设计和施工方案要求。有抗震设防要求的结构中，梁端、柱端箍筋加密区范围内不应进行钢筋搭接。接头末端至钢筋弯起点的距离不应小于钢筋直径的10倍。

6. 钢筋安装定位宜采用专用定位件。定位件应具有足够的承载力、刚度、稳定性和耐久性。定位件的数量、间距和固定方式应能保证钢筋位置偏差符合国家现行有关标准。混凝土框架梁、柱保护层内，不宜采用金属定位件。

3.2.3 质量验收

1. 主控项目

（1）钢筋进场时，应按国家现行标准的规定抽取试件做屈服强度、抗拉强度、伸长率、弯曲性能和重量偏差检验，检验结果应符合相应标准的规定。

（2）成型钢筋进场时，应抽取试件做屈服强度、抗拉强度、伸长率和重量偏差检验，检验结果应符合国家现行相关标准的规定。

（3）对按一、二、三级抗震等级设计的框架和斜撑构件

(含梯段)中的纵向受力普通钢筋应采用 HRB335 级、HRB400 级、HRB500 级、HRBF335 级、HRBF400 级或 HRBF500 级钢筋，其强度和最大力下总伸长率的实测值应符合下列规定：

1) 抗拉强度实测值与屈服强度实测值的比值不应小于 1.25。

2) 屈服强度实测值与屈服强度标准值的比值不应大于 1.30。

3) 最大力下总伸长率不应小于 9%。

(4) 箍筋、拉筋的末端应按设计要求做弯钩，并应符合下列规定：

1) 对一般结构构件，箍筋弯钩的弯折角度不应小于 90°，弯折后平直段长度不应小于箍筋直径的 5 倍；对有抗震设防要求或设计有专门要求的结构构件，箍筋弯钩的弯折角度不应小于 135°，弯折后平直段长度不应小于箍筋直径的 10 倍。

2) 圆形箍筋的搭接长度不应小于其受拉锚固长度，且两末端弯钩的弯折角度不应小于 135°，弯折后平直段长度对一般结构构件不应小于箍筋直径的 5 倍，对有抗震设防要求的结构构件不应小于箍筋直径的 10 倍。

3) 梁、柱复合箍筋中的单肢箍筋两端弯钩的弯折角度均不应小于 135°，弯折后平直段长度应符合（1）对箍筋的有关规定。

(5) 盘卷钢筋调直后应进行力学性能和重量偏差检验，其强度应符合国家现行有关标准的规定。

(6) 钢筋的连接方式应符合设计要求。

(7) 钢筋采用机械连接或焊接时，钢筋机械连接接头、焊接接头的力学性能、弯曲性能应符合国家现行有关标准的规定。接头试件应从工程实体中截取。

（8）螺纹采用机械连接时，螺纹接头应检验拧紧扭矩值，挤压接头应量测压痕直径，检验结果应符合现行行业标准《钢筋机械连接技术规程》(JGJ 107)的相关规定。

（9）钢筋安装时，受力钢筋的牌号、规格和数量必须符合设计要求。

（10）钢筋应安装牢固。受力钢筋的安装位置、锚固方式应符合设计要求。

2．一般项目

（1）钢筋应平直、无损伤，表面不得有裂纹、油污、颗粒状或片状老锈。

（2）成型钢筋的外观质量和尺寸偏差应符合国家现行相关标准的规定。

（3）钢筋机械连接套筒、钢筋锚固板以及预埋件等的外观质量应符合国家现行相关标准的规定。

（4）钢筋加工的形状、尺寸应符合设计要求，其偏差应符合表 3-5 的规定。

表 3-5　钢筋加工的允许偏差　　　　　　　　　mm

项目	允许偏差
受力钢筋沿长度方向的净尺寸	±10
弯起钢筋的弯折位置	±20
箍筋外廓尺寸	±5

（5）钢筋接头的位置应符合设计和施工方案要求。有抗震设防要求的结构中，梁端、柱端箍筋加密区范围内不应进行钢筋搭接。接头末端至钢筋弯起点的距离不应小于钢筋直

径的 10 倍。

（6）钢筋机械连接接头、焊接接头的外观质量应符合现行行业标准《钢筋机械连接技术规程》（JGJ 107）和《钢筋焊接及验收规程》（JGJ 18）的规定。

（7）当纵向受力钢筋采用机械连接接头或焊接接头时，同一连接区段内纵向受力钢筋的接头面积百分率应符合设计要求；当设计无具体要求时，应符合下列规定：

1）受拉接头，不宜大于 50%；受压接头，可不受限制。

2）直接承受动力荷载的结构构件中，不宜采用焊接；当采用机械连接时，不应超过 50%。

（8）当纵向受力钢筋采用绑扎搭接接头时，接头的设置应符合下列规定：

1）接头的横向净间距不应小于钢筋直径，且不应小于 25mm。

2）同一连接区段内，纵向受拉钢筋的接头面积百分率应符合设计要求。当设计无具体要求时，梁类、板类及墙类构件，不宜超过 25%；基础筏板，不宜超过 50%；柱类构件，不宜超过 50%。当工程中确有必要增大接头面积百分率时，对梁类构件，不应大于 50%。

（9）梁类、柱类构件的纵向受力钢筋搭接长度范围内箍筋的设置应符合设计要求；当设计无具体要求时，应符合下列规定：

1）箍筋直径不应小于搭接钢筋较大直径的 1/4。

2）受拉搭接区段的箍筋间距不应大于搭接钢筋较小直径的 5 倍，且不应大于 100mm。

3）受压搭接区段的箍筋间距不应大于搭接钢筋较小直

径的10倍,且不应大于200mm。

4)当柱中纵向受力钢筋直径大于25mm时,应在搭接接头两个端面外100mm范围内各设置两道箍筋,其间距宜为50mm。

(10) 钢筋安装偏差及检验方法应符合表3-6的规定,受力钢筋保护层厚度的合格点率应达到90%及以上,且不得有超过表中数值1.5倍的尺寸偏差。

表3-6 钢筋安装允许偏差和检验方法

项目		允许偏差/mm	检验方法
绑扎钢筋网	长、宽	±10	尺量
	网眼尺寸	±20	尺量连续三挡,取最大偏差值
绑扎钢筋骨架	长	±10	尺量
	宽、高	±5	尺量
纵向受力钢筋	锚固长度	−20	尺量
	间距	±10	尺量两端、中间各一点,取最大偏差值
	排距	±5	
纵向受力钢筋、箍筋的混凝土保护层厚度	基础	±10	尺量
	柱、梁	±5	尺量
	板、墙、壳	±3	尺量
绑扎箍筋、横向钢筋间距		±20	尺量连续三挡,取最大偏差值
钢筋弯起点位置		20	尺量
预埋件	中心线位置	5	尺量
	水平高差	+3,0	塞尺量测

注:检查中心线位置时,沿纵、横两个方向量测,并取其中偏差的较大值。

3.2.4 安全与环保措施

1. 施工机械应符合现行行业标准《建筑机械使用安全技术规程》(JGJ 33)及《施工现场临时用电安全技术规范》(JGJ 46)的有关规定，施工中应定期对其进行检查、维修，保证机械使用安全。施工机械设备应建立按时保养、保修、检验制度，应选用高效节能电动机，选用噪声标准较低的施工机械、设备，对机械、设备采取必要的消声、隔振和减振措施。施工现场宜充分利用太阳能。

2. 施工人员应经安全技术交底和安全文明施工教育后才可进入工地施工操作，施工现场应加强安全管理，安排专职安全巡逻员，设置黄沙桶、灭火器等消防设备。施工现场应安排专人洒水、清扫。

3. 电、气焊作业前应取得动火证，施工作业时，应有防火措施和专人看管；工地临时用电线路的架设及脚手架接地、避雷措施等应按现行标准规定执行。施工操作中，工具要随手放入工具袋内，上下传递材料或工具时不得抛掷。

4. 对施工现场场界噪声进行检测和记录，噪声排放不得超过国家标准。施工场地的强噪声设备宜设置在远离居民区的一侧，可采取对强噪声设备进行封闭等降低噪声措施。

5. 落地扣件式钢管脚手架搭设应符合现行行业标准《建筑施工扣件式钢管脚手架安全技术规范》(JGJ 130)规定，脚手架作业层上的施工荷载应符合设计要求，不得超载，脚手架的安全检查与维护应按规定进行，安全网应按有关规定搭设或拆除。

6. 施工现场生产、生活用水应使用节水型生活用水器具，在水源处应设置明显的节约用水标志。施工现场应充分利用雨水资源，设置沉淀池、废水回收设施。

7. 施工现场应建立封闭式垃圾站，并对建筑垃圾按不可再利用垃圾与可再利用垃圾进行分别存放，对可循环利用的建筑垃圾进行再分类，建立相应的项目部台账。

8. 施工现场大门口应设置冲洗车辆设备，出场时必须将车辆清理干净，不得将泥沙带出现场。对施工现场及运输的易飞扬、细颗粒散体材料进行密闭、存放。

3.3 预应力分项工程

3.3.1 施工要点

1. 预应力工程应编制专项施工方案，必要时，专业施工单位应根据施工图设计文件进行深化设计。

2. 预应力筋张拉机具及压力表应定期维护。张拉设备和压力表应配套标定和使用，标定期限不应超过半年。

3. 预应力筋张拉或放张时，应采取有效的安全防护措施，预应力筋两端正前方不得站人或穿越。

4. 当工程所处环境温度低于-15℃时，不宜进行预应力张拉；当工程所处环境温度高于35℃或连续5d环境日平均温度低于5℃时，不宜进行灌浆施工。冬期灌浆施工时，应对预应力构件采取保温措施或采用抗冻水泥浆。

5. 预应力混凝土结构构件侧模宜在预应力张拉前拆除；在结构构件未建立预应力前底模支架不应拆除。

6. 当采用减摩材料降低孔道摩擦阻力时，应符合下列规定：

（1）减摩材料不应对预应力筋、管道及混凝土产生不利影响。

（2）灌浆前应将减摩材料清除干净。

3.3.2 质量要点

1. 浇筑混凝土之前,应进行预应力隐蔽工程验收。预应力隐蔽工程验收应包括下列主要内容:

(1) 预应力筋的品种、规格、级别、数量和位置。

(2) 成孔管道的规格、数量、位置、形状、连接以及灌浆孔、排气兼泌水孔。

(3) 局部加强钢筋的牌号、规格、数量和位置。

(4) 预应力筋锚具和连接器及锚垫板的品种、规格、数量和位置。

2. 预应力筋的下料长度应经计算确定,并应采用砂轮锯或切断机等机械方法切断。预应力筋制作或安装时,不应用作接地线,并应避免焊渣或接地电火花的损伤。

3. 预应力筋的张拉顺序应符合设计要求,并符合下列规定:

(1) 张拉顺序应根据结构受力特点、施工方便及操作安全等因素确定。

(2) 预应力筋张拉宜符合均匀、对称的原则。

(3) 对现浇预应力混凝土楼盖,宜先张拉楼板、次梁的预应力筋,后张拉主梁的预应力筋。

(4) 对预制屋架等平卧叠浇构件,应从上而下逐根张拉。

4. 后张法预应力筋张拉完毕,并检查合格后,应及时进行孔道灌浆,孔道内水泥浆应饱满、密实。

3.3.3 质量验收

1. 主控项目

(1) 预应力筋进场时,应按国家现行标准的规定抽取试件做抗拉强度、伸长率检验,其检验结果应符合相应标准的规定。

（2）无粘结预应力钢绞线进场时，应进行防腐润滑脂量和护套厚度的抽样检验，检验结果应符合现行行业标准《无粘结预应力钢绞线》（JG/T 161）的规定。经观察认为涂包质量有保证时，无粘结预应力筋可不做油脂量和护套厚度的抽样检验。

（3）预应力筋用锚具应和锚垫板、局部加强钢筋配套使用，锚具、夹具和连接器进场时，应按现行行业标准《预应力筋用锚具、夹具和连接器应用技术规程》（JGJ 85）的相关规定对其性能进行检验，检验结果应符合该标准的规定。锚具、夹具和连接器用量不足检验批规定数量的50%，且供货方提供有效的试验报告时，可不做静载锚固性能试验。

（4）处于三a、三b类环境条件下的无粘结预应力筋用锚具系统，应按现行行业标准《无粘结预应力混凝土结构技术规程》（JGJ 92）的相关规定检验其防水性能，检验结果应符合该标准的规定。

（5）孔道灌浆用水泥应采用硅酸盐水泥或普通硅酸盐水泥，水泥、外加剂的质量应符合本书的相关规定；成品灌浆材料的质量应符合现行国家标准《水泥基灌浆材料应用技术规范》（GB/T 50448）的规定。

（6）预应力筋安装时，其品种、规格、级别和数量必须符合设计要求。

（7）预应力筋的安装位置应符合设计要求。

（8）预应力筋张拉或放张前，应对构件混凝土强度进行检验。同条件养护的混凝土立方体试件抗压强度应符合设计要求，当设计无要求时，应符合下列规定：

1）应达到配套锚固产品技术要求的混凝土最低强度且

不应低于设计混凝土强度等级值的75%。

2)对采用消除应力钢丝或钢绞线作为预应力筋的先张法构件,不应低于30MPa。

(9)对后张法预应力结构构件,钢绞线出现断裂或滑脱的数量不应超过同一截面钢绞线总根数的3%,且每根断裂的钢绞线断丝不得超过一丝;对多跨双向连续板,其同一截面应按每跨计算。

(10)先张法预应力筋张拉锚固后,实际建立的预应力值与工程设计规定检验值的相对允许偏差为±5%。

(11)预留孔道灌浆后,孔道内水泥浆应饱满、密实。

(12)灌浆用水泥浆的性能应符合下列规定:

1)3h自由泌水率宜为0,且不应大于1%,泌水应在24h内全部被水泥浆吸收。

2)水泥浆中氯离子含量不应超过水泥重量的0.06%。

3)当采用普通灌浆工艺时,24h自由膨胀率不应大于6%;当采用真空灌浆工艺时,24h自由膨胀率不应大于3%。

(13)现场留置的灌浆用水泥浆试件的抗压强度不应低于30MPa。试件抗压强度检验应符合下列规定:

1)每组应留取6个边长为70.7mm的立方体试件,并应标准养护28d。

2)试件抗压强度应取6个试件的平均值;当一组试件中抗压强度最大值或最小值与平均值相差超过20%时,应取中间4个试件强度的平均值。

(14)锚具的封闭保护措施应符合设计要求。当设计无要求时,外露锚具和预应力筋的混凝土保护层厚度不应小于:一类环境时20mm,二a、二b类环境时50mm,三a、三 b 类环境时 80mm。

2. 一般项目

（1）预应力筋进场时，应进行外观检查，其外观质量应符合下列规定：

1）有粘结预应力筋的表面不应有裂纹、小刺、机械损伤、氧化铁皮和油污等，展开后应平顺、不应有弯折。

2）无粘结预应力钢绞线护套应光滑、无裂缝、无明显折皱；轻微破损处应外包防水塑料胶带修补，严重破损者不得使用。

（2）预应力筋用锚具、夹具和连接器进场时，应进行外观检查，其表面应无污物、锈蚀、机械损伤和裂纹。

（3）预应力成孔管道进场时，应进行管道外观质量检查、径向刚度和抗渗漏性能检验，其检验结果应符合下列规定：

1）金属管道外观应清洁，内外表面应无锈蚀、油污、附着物、孔洞；金属波纹管不应有不规则折皱，咬口应无开裂、脱扣；钢管焊缝应连续。

2）塑料波纹管的外观应光滑、色泽均匀，内外壁不应有气泡、裂口、硬块、油污、附着物、孔洞及影响使用的划伤。

3）径向刚度和抗渗漏性能应符合现行行业标准《预应力混凝土桥梁用塑料波纹管》（JT/T 529）和《预应力混凝土用金属波纹管》（JG 225）的规定。

（4）预应力筋端部锚具的制作质量应符合下列规定：

1）钢绞线挤压锚具挤压完成后，预应力筋外端露出挤压套筒的长度不应小于1mm。

2）钢绞线压花锚具的梨形头尺寸和直线锚固段长度不应小于设计值。

3) 钢丝镦头不应出现横向裂纹，镦头的强度不得低于钢丝强度标准值的98%。

(5) 预应力筋或成孔管道的安装质量应符合下列规定：

1) 成孔管道的连接应密封。

2) 预应力筋或成孔管道应平顺，并应与定位支撑钢筋绑扎牢固。

3) 当后张有粘结预应力筋曲线孔道波峰和波谷的高差大于300mm，且采用普通灌浆工艺时，应在孔道波峰设置排气孔。

4) 锚垫板的承压面应与预应力筋或孔道曲线末端垂直，预应力筋或孔道曲线末端直线段长度应符合表3-7的规定。

表3-7 预应力筋曲线起始点与张拉锚固点之间直线段最小长度

预应力筋张拉控制力 N/kN	$N \leqslant 1500$	$1500 < N \leqslant 6000$	$N > 6000$
直线段最小长度/mm	400	500	600

(6) 预应力筋或成孔管道定位控制点的竖向位置偏差应符合表3-8的规定，其合格点率应达到90%及以上，且不得有超过表中数值1.5倍的尺寸偏差。

表3-8 预应力筋或成孔管道定位控制点的
竖向位置允许偏差　　　　　　　　　mm

构件截面高（厚）度/h	$h \leqslant 300$	$300 < h \leqslant 1500$	$h > 1500$
允许偏差/mm	±5	±10	±15

(7) 预应力筋张拉质量应符合下列规定：

1) 采用应力控制方法张拉时，张拉力下预应力筋的实测伸长值与计算伸长值的相对允许偏差为±6%。

2) 最大张拉应力应符合现行国家标准《混凝土结构工程施工规范》(GB 50666)的规定。

（8）先张法预应力构件，应检查预应力筋张拉后的位置偏差，张拉后预应力筋的位置与设计位置的偏差不应大于5mm，且不应大于构件截面短边边长的4%。

（9）锚固阶段张拉端预应力筋的内缩量应符合设计要求；当设计无具体要求时，应符合表3-9的规定。

表3-9 张拉端预应力筋的内缩量限值　　　　mm

锚具类别		内缩量限值
支承式锚具（镦头锚具等）	螺母缝隙	1
	每块后加垫板的缝隙	1
锥塞式锚具		5
夹片式锚具	有顶压	5
	无顶压	6～8

（10）后张法预应力筋锚固后，锚具外预应力筋的外露长度不应小于其直径的1.5倍，且不应小于30mm。

3.3.4 安全与环保措施

1. 预应力筋张拉或放张时，应采取有效的安全防护措施，预应力筋两端正前方不得站人或穿越。

2. 其他同3.2 钢筋分项工程的3.2.4的要求。

3.4 混凝土分项工程

3.4.1 施工要点

1. 混凝土结构施工宜采用预拌混凝土；预拌混凝土应符合现行国家标准《预拌混凝土》（GB/T 14902）的有关规定。

2. 现场搅拌混凝土宜采用具有自动计量装置的设备集中搅拌。

3. 混凝土宜采用搅拌运输车运输，运输过程中应保证混凝土拌合物的均匀性和工作性。

4. 应采取保证连续供应的措施，并应满足现场施工的需要。

5. 未经处理的海水严禁用于钢筋混凝土结构和预应力混凝土结构中混凝土的拌制和养护。

6. 混凝土配合比设计应经试验确定。试配所用原材料应与施工实际使用原材料一致。

3.4.2 质量要点

1. 粗骨料宜选用粒形良好、质地坚硬的洁净碎石或卵石，并应符合下列规定：

（1）粗骨料最大粒径不应超过构件截面最小尺寸的1/4，且不应超过钢筋最小净间距的3/4；对实心混凝土板，粗骨料的最大粒径不宜超过板厚的1/3，且不应超过40mm。

（2）粗骨料宜采用连续粒级，也可用单粒级组合成满足要求的连续粒级。

2. 混凝土细骨料中氯离子含量，对钢筋混凝土，按干砂的质量百分率计算不得大于0.06%；对预应力混凝土，按干砂的质量百分率计算不得大于0.02%。

3.4.3 质量验收

1. 主控项目

（1）水泥进场时，应对其品种、代号、强度等级、包装或散装仓号、出厂日期等进行检查，并应对水泥的强度、安定性和凝结时间进行检验，检验结果应符合现行国家标准《通用硅酸盐水泥》（GB 175）的相关规定。同一生产厂家、同一品种、同一等级且连续进场的水泥袋装不超过200t为一检验批，散装不超过500t为一检验批；当在使用中对水泥质量有怀疑或水泥出厂超过三个月（快硬硅酸盐水泥超过一个月）时，应进行复验，并应按复验结果使用。

（2）混凝土外加剂进场时，应对其品种、性能、出厂日期等进行检查，并应对外加剂的相关性能指标进行检验，检验结果应符合现行国家标准《混凝土外加剂》（GB 8076）和《混凝土外加剂应用技术规范》（GB 50119）等的规定。按同一厂家、同一品种、同一性能、同一批号且连续进场的混凝土外加剂，不超过50t为一批，每批抽检数量不应少于一次。

（3）预拌混凝土进场时，其强度应符合设计要求，质量应符合现行国家标准《预拌混凝土》（GB/T 14902）的规定。

（4）混凝土拌合物不应离析。

（5）混凝土中氯离子含量和碱总含量应符合现行国家标准《混凝土结构设计规范》（GB 50010）的规定和设计要求。

（6）首次使用的混凝土配合比应进行开盘鉴定，其原材料、强度、凝结时间、稠度等应满足设计配合比的要求。

（7）混凝土的强度等级必须符合设计要求。用于检验混凝土强度的试件应在浇筑地点随机抽取。

检查数量：对同一配合比混凝土，取样与试件留置应符合下列规定：

1）每拌制100盘且不超过$100m^3$时，取样不得少于一次。

2）每工作班拌制不足100盘时，取样不得少于一次。

3）连续浇筑超过$1000m^3$，每$200m^3$取样不得少于一次。

4）每一楼层取样不得少于一次。

5）每次取样应至少留置一组试件。

（8）混凝土结构实体性能中混凝土强度、钢筋保护层厚度的检测应由监理工程师组织并见证由具有相应资质的检测机构完成。

结构实体混凝土强度检验按不同强度等级优先选用同条件养护试件方法检验；当未取得同条件养护试件强度或试件强度检验不符合要求时，可采用回弹、取芯的方法进行检验。混凝土强度实体检测的范围主要为柱、梁、墙、楼板。

（9）当遇到下列情况之一时，应进行工程质量的现场检测：

1）涉及结构工程质量的试块、试件以及有关材料检验数量不足。

2）对结构实体质量的抽测结果达不到设计要求或施工验收规范的要求。

3）对结构实体质量有争议。

4）发生工程质量事故，需要分析事故原因。

5）相关标准规定进行的工程质量第三方检测。

6）相关行政主管部门要求进行的工程质量第三方检测。

2. 一般项目

（1）混凝土用矿物掺合料进场时，应对其品种、技术指标、出厂日期等进行检查，并应对矿物掺合料的相关技术指标进行检验，检验结果应符合国家现行有关标准的规定。

（2）混凝土原材料中的粗骨料、细骨料质量应符合现行行业标准《普通混凝土用砂、石质量及检验方法标准》（JGJ 52）的规定，使用经过净化处理的海砂应符合现行行业标准《海砂混凝土应用技术规范》（JGJ 206）的规定，再生混凝土骨料应符合现行国家标准《混凝土用再生粗骨料》（GB/T 25177）和《混凝土和砂浆用再生细骨料》（GB/T 25176）的规定。

（3）混凝土拌制及养护用水应符合现行行业标准《混凝

土用水标准》(JGJ 63)的规定。采用饮用水时，可不检验；采用中水、搅拌站清洗水、施工现场循环水等其他水源时，应对其成分进行检验。

(4) 混凝土拌合物稠度应满足施工方案的要求。

(5) 混凝土有耐久性指标要求时，应在施工现场随机抽取试件进行耐久性检验，其检验结果应符合国家现行有关标准的规定和设计要求。

(6) 混凝土有抗冻要求时，应在施工现场进行混凝土含气量检验，其检验结果应符合国家现行有关标准的规定和设计要求。

(7) 后浇带的留设位置应符合设计要求。后浇带和施工缝的留设及处理方法应符合施工方案的要求。

(8) 混凝土浇筑完毕后应及时进行养护，养护时间以及养护方法应符合施工方案的要求。

3.4.4 安全与环保措施

1. 施工机械应符合现行行业标准《建筑机械使用安全技术规程》(JGJ 33)及《施工现场临时用电安全技术规范》(JGJ 46)的有关规定，施工中应定期对其进行检查、维修，保证机械使用安全。施工机械设备应建立按时保养、保修、检验制度，应选用高效节能电动机，选用噪声标准较低的施工机械、设备，对机械、设备采取必要的消声、隔振和减振措施。施工现场宜充分利用太阳能。

2. 施工人员应经安全技术交底和安全文明施工教育后才可进入工地施工操作，施工现场应加强安全管理，安排专职安全巡逻员，设置黄沙桶、灭火器等消防设备。施工现场应安排专人洒水、清扫。

3. 对施工现场场界噪声进行检测和记录，噪声排放不得超过国家标准。施工场地的强噪声设备宜设置在远离居民区的一侧,可采取对强噪声设备进行封闭等降低噪声措施。

4. 落地扣件式钢管脚手架搭设应符合现行行业标准《建筑施工扣件式钢管脚手架安全技术规范》(JGJ 130)规定,脚手架作业层上的施工荷载应符合设计要求,不得超载,脚手架的安全检查与维护应按规定进行,安全网应按有关规定搭设或拆除。

5. 施工现场生产、生活用水应使用节水型生活用水器具,在水源处应设置明显的节约用水标志。施工现场应充分利用雨水资源,设置沉淀池、废水回收设施。

6. 施工现场应建立封闭式垃圾站,并对建筑垃圾按不可再利用垃圾与可再利用垃圾进行分别存放,对可循环利用的建筑垃圾进行再分类,建立相应的项目部台账。

7. 施工过程中,应采取防尘、降尘措施。施工现场的主要道路,宜进行硬化处理或采取其他扬尘控制措施。可能造成扬尘的露天堆储材料,宜采取扬尘控制措施。

8. 施工过程中,应采取光污染控制措施。可能产生强光的施工作业,应采取防护和遮挡措施。夜间施工时,应采用低角度灯光照明。

9. 混凝土外加剂、养护剂的使用,应满足环境保护和人身健康的要求。施工中可能接触有害物质的操作人员应采取有效的防护措施。

3.5 现浇结构分项工程

3.5.1 施工要点

1. 混凝土拌合物入模温度不应低于5℃,且不应高于35℃。

2. 混凝土运输、输送、浇筑过程中严禁加水；混凝土运输、输送、浇筑过程中散落的混凝土严禁用于混凝土结构构件的浇筑。

3. 混凝土应布料均衡。应对模板及支架进行观察和维护，发生异常情况应及时进行处理。混凝土浇筑和振捣应采取防止模板、钢筋、钢构、预埋件及其定位件移位的措施。

4. 混凝土输送宜采用泵送方式。输送泵输送混凝土应符合下列规定：

（1）应先进行泵水检查，并应湿润输送泵的料斗、活塞等直接与混凝土接触的部位；泵水检查后应清除输送泵内积水。

（2）输送混凝土前，应先输送水泥砂浆对输送管进行润滑，然后开始输送混凝土。

（3）输送混凝土速度应先慢后快、逐步加速，应在系统运转顺利后再按正常速度输送。

（4）输送混凝土过程中，应设置输送泵骨料斗网罩，并应保证骨料斗有足够的混凝土余量。

5. 超长结构混凝土浇筑应符合下列规定：

（1）可留设施工缝分仓浇筑，分仓浇筑间隔时间不应少于7d。

（2）当留设后浇带时，后浇带封闭时间不得少于14d。

（3）后浇带的封闭时间尚应经设计单位确认。

6. 清水混凝土结构浇筑应符合下列规定：

（1）应根据结构特点进行构件分区，同一构件分区应采用同批混凝土，并应连续浇筑。

（2）同层或同区内混凝土构件所用材料牌号、品种、规格应一致，并应保证结构外观色泽符合要求。

（3）竖向构件浇筑时应严格控制分层浇筑的间歇时间。

7. 基础大体积混凝土结构浇筑应符合下列规定：

（1）宜采用斜面分层浇筑方法，也可采用全面分层、分块分层浇筑方法，层与层之间混凝土浇筑的间歇时间应能保证整个混凝土浇筑过程的连续。

（2）混凝土分层浇筑应采用自然流淌形成斜坡，并应沿高度均匀上升，分层厚度不宜大于500mm。

3.5.2 质量要点

1. 混凝土振捣应能使模板内各个部位混凝土密实、均匀，不应漏振、欠振、过振。

2. 混凝土浇筑后应及时进行保湿养护。

3. 混凝土强度达到 $1.2N/mm^2$ 前，不得在其上踩踏、堆放荷载、安装模板及支架。

4. 现浇结构的外观质量缺陷应由监理单位、施工单位等各方根据其对结构性能和使用功能影响的严重程度按表 3-10 确定。对严重缺陷，施工单位应制订专项修整方案，方案应经论证审批后再实施，不得擅自处理。

表 3-10 现浇结构外观质量缺陷

名称	现　　象	严重缺陷	一般缺陷
露筋	构件内钢筋未被混凝土包裹而外露	纵向受力钢筋有露筋	其他钢筋有少量露筋
蜂窝	混凝土表面缺少水泥砂浆而形成石子外露	构件主要受力部位有蜂窝	其他部位有少量蜂窝
孔洞	混凝土中孔穴深度和长度均超过保护层厚度	构件主要受力部位有孔洞	其他部位有少量孔洞

续表

名称	现象	严重缺陷	一般缺陷
夹渣	混凝土中夹有杂物且深度超过保护层厚度	构件主要受力部位有夹渣	其他部位有少量夹渣
疏松	混凝土中局部不密实	构件主要受力部位有疏松	其他部位有少量疏松
裂缝	裂缝从混凝土表面延伸至混凝土内部	构件主要受力部位有影响结构性能或使用功能的裂缝	其他部位有少量不影响结构性能或使用功能的裂缝
连接部位缺陷	构件连接处混凝土有缺陷及连接钢筋、连接件松动	连接部位有影响结构传力性能的缺陷	连接部位有基本不影响结构传力性能的缺陷
外形缺陷	缺棱掉角、棱角不直、翘曲不平、飞边凸肋等	清水混凝土构件有影响使用功能或装饰效果的外形缺陷	其他混凝土构件有不影响使用功能的外形缺陷
外表缺陷	构件表面麻面、掉皮、起砂、沾污等	具有重要装饰效果的清水混凝土构件有外表缺陷	其他混凝土构件有不影响使用功能的外表缺陷

3.5.3 质量验收

1. 主控项目

（1）现浇结构的外观质量不应有严重缺陷。

对已经出现的严重缺陷，应由施工单位提出技术处理方案，并经监理单位认可后进行处理；对裂缝或连接部位的严重缺陷及其他影响结构安全的严重缺陷，技术处理方案尚应经设计单位认可。对经处理的部位应重新验收。

（2）现浇结构不应有影响结构性能或使用功能的尺寸偏

差；混凝土设备基础不应有影响结构性能和设备安装的尺寸偏差。

对超过尺寸允许偏差且影响结构性能和安装、使用功能的部位，应由施工单位提出技术处理方案，经监理、设计单位认可后进行处理。对经处理的部位应重新验收。

2. 一般项目

（1）现浇结构的外观质量不应有一般缺陷。

对已经出现的一般缺陷，应由施工单位按技术处理方案进行处理。对经处理的部位应重新验收。

（2）现浇结构的位置和尺寸偏差及检验方法应符合表3-11的规定。

表3-11　现浇结构的位置和尺寸允许偏差及检验方法

项目		允许偏差/mm	检验方法
轴线位置	整体基础	15	经纬仪及尺量
	独立基础	10	经纬仪及尺量
	柱、墙、梁	8	尺量
垂直度	层高 ≤6m	10	经纬仪或吊线、尺量
	层高 >6m	12	经纬仪或吊线、尺量
	全高 ≤300m	$H/30000+20$	经纬仪、尺量
	全高 >300m	$H/10000$ 且 ≤80	经纬仪、尺量
标高	层高	±10	水准仪或拉线、尺量
	全高	±30	水准仪或拉线、尺量
截面尺寸	基础	+15，-10	尺量
	柱、梁、板、墙	+10，-5	尺量
	楼梯相邻踏步高差	6	尺量
电梯井	中心位置	10	尺量
	长、宽尺寸	+25，0	尺量

续表

项　　目		允许偏差/mm	检验方法
表面平整度		8	2m靠尺和塞尺量测
预埋件中心位置	预埋板	10	尺量
	预埋螺栓	5	尺量
	预埋管	5	尺量
	其他	10	尺量
预留洞、孔中心线位置		15	尺量

注：1. 检查轴线、中心线位置时，沿纵、横两个方向测量，并取其中偏差的较大值。

2. H 为全高（m）。

检查数量：按楼层、结构缝或施工段划分检验批。在同一检验批内，对梁、柱和独立基础，应抽查构件数量的10%，且不应少于3件；对墙和板，应按有代表性的自然间抽查10%，且不应少于3间；对大空间结构，墙可按相邻轴线间高度5m左右划分检查面，板可按纵、横轴线划分检查面，抽查10%，且均不应少于3面；对电梯井，应全数检查。

(3) 现浇设备基础的位置和尺寸应符合设计和设备安装的要求。其位置和尺寸偏差及检验方法应符合表3-12的规定。

表3-12 现浇设备基础的位置和尺寸允许偏差及检验方法

项　　目	允许偏差/mm	检验方法
坐标位置	20	经纬仪及尺量
不同平面标高	0，−20	水准仪或拉线、尺量
平面外形尺寸	±20	尺量

续表

项　　目		允许偏差/mm	检验方法
凸台上平面外形尺寸		0，－20	尺量
凹槽尺寸		＋20，0	尺量
平面水平度	每米	5	水平尺、塞尺量测
	全长	10	水准仪或拉线、尺量
垂直度	每米	5	经纬仪或吊线、尺量
	全高	10	经纬仪或吊线、尺量
预埋地脚螺栓	中心线位置	2	尺量
	顶标高	＋20，0	水准仪或拉线、尺量
	中心距	±2	尺量
	垂直度	5	吊线、尺量
预埋地脚螺栓孔	中心线位置	10	尺量
	截面尺寸	＋20，0	尺量
	深度	＋20，0	尺量
	垂直度	$h/100$ 且≤10	吊线、尺量
预埋活动地脚螺栓锚板	中心线位置	5	尺量
	标高	＋20，0	水准仪或拉线、尺量
	带槽锚板平整度	5	直尺、塞尺量测
	带螺纹孔锚板平整度	2	直尺、塞尺量测

注：1. 检查坐标、中心线位置时，应沿纵、横两个方向测量，并取其中偏差的较大值。

2. h 为预埋地脚螺栓孔孔深（mm）。

3.5.4 安全与环保措施

同 3.4 混凝土分项工程的 3.4.4 的要求。

3.6 装配式结构分项工程

3.6.1 施工要点

1. 装配式结构工程应编制专项施工方案，正式施工前，宜选择有代表性的单元或部分进行试制作、试安装。

2. 预制构件在装配式结构的施工全过程中应对预制构件设置可靠标志，并应采取防止预制构件损伤或污染的措施。

3. 预制构件脱模起吊时的混凝土强度应根据计算确定，且不宜小于 15MPa。后张有粘结预应力混凝土预制构件应在预应力筋张拉并灌浆后起吊，起吊时同条件养护的水泥浆试块抗压强度不宜小于 15MPa。

4. 叠合式受弯构件施工过程中，应控制施工荷载不超过设计取值，并应避免单个预制构件承受较大的集中荷载。

5. 预制构件安装就位后应及时采取临时固定措施。预制构件与吊具的分离应在校准定位及临时固定措施安装完成后进行。临时固定措施的拆除应在装配式结构能达到后续施工要求的承载力、刚度及稳定性要求后进行。

3.6.2 质量要点

1. 采用现浇混凝土或砂浆连接的预制构件结合面，制作时应按设计要求进行处理。设计无具体要求时，宜进行拉毛或凿毛处理，也可采用露骨料粗糙面。

2. 叠合式受弯构件的后浇混凝土层施工前，应按设计要求检查结合面粗糙度和预制构件的外露钢筋。

3. 装配式结构的接缝施工质量及防水性能应符合设计要求和国家现行相关标准的要求。

4. 装配式结构的连接施工应符合下列规定：

（1）构件连接处浇筑用材料的强度及收缩性能应满足设计要求。如设计无要求，浇筑用材料的强度等级值不应低于连接处构件混凝土强度设计等级值的较大值，粗骨料最大粒径不宜大于连接处最小尺寸的1/4。

（2）浇筑前应清除浮浆、松散骨料和污物，并宜浇水湿润。

（3）节点、水平缝应一次性浇筑密实；垂直缝可逐层浇筑，每层浇筑高度不宜大于2m。如需振捣，宜采用微型振捣棒。

（4）建筑用材料的强度达到设计要求后方可承受全部设计荷载。

5. 装配式结构采用焊接或螺栓连接构件时，应符合设计要求或国家现行有关钢结构施工标准的规定，并应做好防腐和防火处理。采用焊接时，应采取避免损伤已施工完成结构、预制构件及配件的措施。

6. 装配式结构采用后张预应力筋连接构件时应符合本书3.3预应力分项工程的有关规定。

钢筋锚固及连接长度应满足设计要求，钢筋连接施工应符合国家现行有关标准的规定。

7. 简支梁、板类预制构件的安装施工应符合下列规定：

（1）构件两端支座处的搁置长度均应满足设计要求，支垫处的受力状态应保持均匀一致。

（2）施工荷载应符合设计规定，并应避免单个梁、板承受较大的集中荷载，不宜在施工现场对预制梁、板进行二次切割、开洞。

（3）梁、板支座的连接应按设计要求施工，支座应采取保证钢筋可靠锚固的措施。

8. 当设计对构件连接处有防水要求时，防水施工及材料性能应符合设计要求及国家现行有关标准的规定。

3.6.3 质量验收

1. 主控项目

（1）预制构件的质量应符合国家现行相关标准的规定和设计的要求。

（2）专业企业生产的预制构件进场时，其结构性能检验应符合下列规定：

1）梁、板类简支受弯预制构件进场时应进行结构性能检验，结构性能检验应符合国家现行相关标准的有关规定及设计要求。钢筋混凝土构件和允许出现裂缝的预应力混凝土构件应进行承载力、挠度和裂缝宽度检验；不允许出现裂缝的预应力混凝土构件应进行承载力、挠度和抗裂检验。对大型构件及有可靠应用经验的构件，可只进行裂缝宽度、抗裂和挠度检验；对使用数量较少的构件，当能提供可靠依据时，可不进行结构性能检验。

2）对其他预制构件，除设计有专门要求外，进场时可不做结构性能检验。

3）对进场时不做结构性能检验的预制构件，施工单位或监理单位代表应驻厂监督制作过程；当无驻厂监督时，预制构件进场时应对其主要受力钢筋数量、规格、间距及混凝土强度等进行实体检验。

（3）预制构件的外观质量不应有严重缺陷，且不应有影响结构性能和安装、使用功能的尺寸偏差。

（4）预制构件上的预埋件、预留插筋、预埋管线等的规格和数量以及预留孔、预留洞的数量应符合设计要求。

（5）预制构件临时固定措施应符合施工方案的要求。

（6）钢筋采用套筒灌浆连接时，灌浆应饱满、密实，其材料及连接质量应符合现行行业标准《钢筋套筒灌浆连接应用技术规程》（JGJ 355）的规定。

检查数量：按现行行业标准《钢筋套筒灌浆连接应用技术规程》（JGJ 355）的规定确定。

（7）钢筋采用焊接时，其接头质量应符合现行行业标准《钢筋焊接及验收规程》（JGJ 18）的规定。

（8）钢筋采用机械连接时，其接头质量应符合现行行业标准《钢筋机械连接技术规程》（JGJ 107）的规定。

（9）预制构件采用焊接、螺栓连接等连接方式时，其材料性能及施工质量应符合现行国家标准《钢结构工程施工质量验收规范》（GB 50205）和《钢筋焊接及验收规程》（JGJ 18）的相关规定。

（10）装配式结构采用现浇混凝土连接构件时，构件连接处后浇混凝土的强度应符合设计要求。

（11）装配式结构施工后，其外观质量不应有严重缺陷，且不应有影响结构性能和安装、使用功能的尺寸偏差。

2. 一般项目

（1）预制构件应有标志。

（2）预制构件的外观质量不应有一般缺陷。

（3）预制构件的尺寸偏差及检验方法应符合表9.2.7的规定；设计有专门规定时，尚应符合设计要求。施工过程中临时使用的预埋件，其中心线位置允许偏差可取表3-13中规定数值的2倍。

表 3-13 预制构件尺寸的允许偏差及检验方法

项　目			允许偏差 /mm	检验方法
长度	楼板、梁、柱、桁架	<12m	±5	尺量
		≥12m 且<18m	±10	
		≥18m	±20	
	墙板		±4	
宽度、高（厚）度	楼板、梁、柱、桁架		±5	尺量一端及中部，取其中偏差绝对值较大处
	墙板		±4	
表面平整度	楼板、梁、柱、墙板内表面		5	2m 靠尺和塞尺量测
	墙板外表面		3	
侧向弯曲	楼板、梁、柱		$L/750$ 且≤20	拉线、直尺量测最大侧向弯曲处
	墙板、桁架		$L/1000$ 且≤20	
翘曲	楼板		$L/750$	调平尺在两端量测
	墙板		$L/1000$	
对角线	楼板		10	尺量两个对角线
	墙板		5	
预留孔	中心线位置		5	尺量
	孔尺寸		±5	
预留洞	中心线位置		10	尺量
	洞口尺寸、深度		±10	
预埋件	预埋板中心线位置		5	尺量
	预埋板与混凝土平面高差		0，−5	
	预埋螺栓		2	
	预埋螺栓外露长度		+10，−5	
	预埋套筒、螺母中心线位置		2	
	预埋套筒、螺母与混凝土平面高差		±5	

续表

项　　目		允许偏差 /mm	检验方法
预留插筋	中心线位置	5	尺量
	外露长度	+10，-5	
键槽	中心线位置	5	尺量
	长度、宽度	±5	
	深度	±10	

注：1. L 为构件长度（mm）；
2. 检查中心线、螺栓和孔道位置偏差时，沿纵、横两个方向量测，并取其中偏差较大值。

（4）预制构件的粗糙面的质量及键槽的数量应符合设计要求。

（5）装配式结构施工后，其外观质量不应有一般缺陷。

（6）装配式结构施工后，预制构件位置、尺寸偏差及检验方法应符合设计要求；当设计无具体要求时，应符合表3-14的规定。预制构件与现浇结构连接部位的表面平整度应符合表3-14的规定。

表3-14　装配式结构构件位置和尺寸允许偏差及检验方法

项　　目			允许偏差 /mm	检验方法
构件轴线位置	竖向构件（柱、墙板、桁架）		8	经纬仪及尺量
	水平构件（梁、楼板）		5	
标高	梁、柱、墙板、楼板底面或顶面		±5	水准仪或拉线、尺量
构件垂直度	柱、墙板安装后的高度	≤6m	5	经纬仪或吊线、尺量
		>6m	10	

续表

项　　目			允许偏差/mm	检验方法
构件倾斜度	梁、桁架		5	经纬仪或吊线、尺量
相邻构件平整度	梁、楼板底面	外露	3	2m靠尺和塞尺量测
		不外露	5	
	柱、墙板	外露	5	
		不外露	8	
构件搁置长度	梁、板		±10	尺量
支座、支垫中心位置	板、梁、柱、墙板、桁架		10	尺量
墙板接缝宽度			±5	尺量

3.6.4 安全与环保措施

1. 预制构件的吊运应设专人指挥，操作人员应位于安全位置。

2. 其他同 3.4 混凝土分项工程的 3.4.4 的要求。

4 钢结构工程

4.1 钢结构焊接工程

4.1.1 施工要点

1. 焊工必须经考试合格并取得合格证书。持证焊工必须在其考试合格项目及其认可范围内施焊。

2. 定位焊焊缝的厚度不应小于3mm，不宜超过设计焊缝厚度的2/3；长度不宜小于40mm和接头中较薄部件厚度的4倍；间距宜为300～600mm。

3. 当引弧板、引出板和衬垫板为钢材时，应选用屈服强度不大于被焊钢材标称强度的钢材，且焊接性应相近。

4. 焊接接头的端部应设置焊缝引弧板、引出板。焊条电弧焊和气体保护电弧焊焊缝引出长度应大于25mm，埋弧焊缝引出长度应大于80mm。焊接完成并完全冷却后，可采用火焰切割、碳弧气刨或机械等方法除去引弧板、引出板，并应修磨平整，严禁用锤击落。

4.1.2 质量要点

1. 碳素结构钢应在焊缝冷却到环境温度、低合金结构钢应在完成焊接24h以后，进行焊缝探伤检验。

2. 栓钉焊接后应进行弯曲试验抽查，栓钉弯曲30°后焊缝和热影响区不得有肉眼可见裂纹。

4.1.3 质量验收

1. 主控项目

（1）钢材、钢铸件的品种、规格、性能等应符合现行国家产品标准和设计要求。进口钢材产品的质量应符合设计和合同规定标准的要求。

（2）对属于下列情况之一的钢材，应进行抽样复验，其复验结果应符合现行国家产品标准和设计要求。

1）国外进口钢材。

2）钢材混批

3）板厚大于或等于40mm，且设计有Z向性能要求的厚板。

4）建筑结构安全等级为一级，大跨度钢结构中主要受力构件所采用的钢材。

5）设计有复验要求的钢材。

6）对质量有疑义的钢材。

（3）焊接材料的品种、规格、性能等应符合现行国家产品标准和设计要求。

（4）重要钢结构采用的焊接材料应进行抽样复验，复验结果应符合现行国家产品标准和设计要求。

（5）焊条、焊丝、焊剂、电渣焊熔嘴等焊接材料与母材的匹配应符合设计要求及现行国家标准《钢结构焊接》GB 50661的规定。焊条、焊剂、药芯焊丝、熔嘴等在使用前，应按其产品说明书及焊接工艺文件的规定进行烘焙和存放。

（6）施工单位对首次采用的钢材、焊接材料、焊接方法、焊后热处理等，应进行焊接工艺评定，并应根据评定报告确定焊接工艺。

（7）设计要求全焊透的一、二级焊缝应采用超声波探伤进行内部缺陷的检验,超声波探伤不能对缺陷做出判断时,应采用射线探伤,其内部缺陷分级及探伤方法应符合现行国家标准《焊缝无损检测超声检测技术、检测等级和评定》(GB/T 11345)或《金属熔化焊焊接接头射线照相》(GB 3323)的规定。焊接球节点钢网架焊缝、螺栓球节点钢网架焊缝及圆管T、K、Y形节点相关线焊缝,其内部缺陷分级及探伤方法应分别符合现行行业标准《钢结构超声波探伤及质量分级法》(JG/T 203)、《钢结构焊接规范》(GB 50661)的规定。一、二级焊缝质量等级及缺陷分级应符合表4-1的规定。

表4-1 一、二级焊缝质量等级及缺陷分级

焊缝质量等级		一级	二级
内部缺陷超声波探伤	评定等级	Ⅱ	Ⅲ
	检验等级	B级	B级
	探伤比例	100%	20%
内部缺陷射线探伤	评定等级	Ⅱ	Ⅲ
	检验等级	AB级	AB级
	探伤比例	100%	20%

注:探伤比例的计数方法应按以下原则确定:①对工厂制作焊缝,应按每条焊缝计算百分比,且探伤长度应不小于200mm,当焊缝长度不足200mm时,应对整条焊缝进行探伤;②对现场安装焊缝,应按同一类型、同一施焊条件的焊缝条数计算百分比,探伤长度应不小于200mm,并应不少于1条焊缝。

2.一般项目

(1)焊条外观不应有药皮脱落、焊芯生锈等缺陷;焊剂不应受潮结块。

(2)对于需要进行焊前预热或焊后热处理的焊缝,其预

热温度或后热温度应符国家现行有关标准的规定或通过工艺试验确定。预热区在焊道两侧,每侧宽度均应大于焊件厚度的1.5倍以上,且不应小于100mm;后热处理应在焊后立即进行,保温时间应根据板厚按每25 mm板厚1h确定。

(3) 焊出凹形的角焊缝,焊缝金属与母材间应平缓过渡;加工成凹形的角焊缝,不得在其表面留下切痕。

(4) 焊缝感观应达到:外形均匀、成型较好,焊道与焊道、焊道与基本金属间过渡较平滑,焊渣和飞溅物基本清除干净。

4.1.4 安全与环保措施

1. 使用的各类施工机械,应符合现行行业标准《建筑机械使用安全技术规程》(JGJ 33)的有关规定。施工中应定期对其进行检查、维修,保证机械使用安全。施工机械设备应建立按时保养、保修、检验制度,应选用高效节能电动机,选用噪声标准较低的施工机械、设备,对机械、设备采取必要的消声、隔振和减振措施。起重吊装机械应安装限位装置,并应定期检查。安装和拆除塔式起重机时,应有专项技术方案。群塔作业应采取防止塔吊相互碰撞措施。塔吊应有良好的接地装置。采用非定型产品的吊装机械时,必须进行设计计算,并应进行安全验算。施工现场宜充分利用太阳能。

2. 施工人员应经安全技术交底和安全文明施工教育后才可进入工地施工操作,施工现场应加强安全管理,安排专职安全巡逻员,设置黄沙桶、灭火器等消防设备。气体切割和高空焊接作业时,应清除作业区危险易燃物,并应采取防火措施。现场油漆涂装和防火涂料施工时,应按产品说明书的要求进行产品存放和防火保护。

3. 当高空作业的各项安全措施经检查不合格时,严禁高空作业。钢柱吊装松钩时,施工人员宜通过钢挂梯登高,并应采用防坠器进行人身保护。钢挂梯应预先与钢柱可靠连接,并应随柱起吊。

4. 电、气焊作业前应取得动火证,施工作业时,应有防火措施和专人看管;工地临时用电线路的架设及脚手架接地、避雷措施等应按现行标准规定执行。施工操作中,工具要随手放入工具袋内,上下传递材料或工具时不得抛掷。

5. 吊装区域应设置安全警戒线,非作业人员严禁入内。吊装物吊离地面200~300mm时,应进行全面检查,并应确认无误后再正式起吊。当风速达到10m/s时,宜停止吊装作业;当风速达到15m/s时,不得吊装作业。高空作业使用的小型手持工具和小型零部件应采取防止坠落措施。施工用电应符合现行行业标准《施工现场临时用电安全技术规范》(JGJ 46)的有关规定。施工现场应有专业人员负责安装、维护和管理用电设备和用电线路。每天吊至楼层或屋面上的构件未安装完时,应采取牢靠的临时固定措施。压型钢板表面有水、冰、霜或雪时,应及时清除,并应采取相应的防滑保护措施。

6. 搭设登高脚手架应符合现行行业标准《建筑施工扣件式钢管脚手架安全技术规范》(JGJ 130)和《建筑施工碗扣式钢管脚手架安全技术规范》(JGJ 166)的有关规定;当采用其他登高措施时,应进行结构安全计算。脚手架作业层上的施工荷载应符合设计要求,不得超载,脚手架的安全检查与维护,应按规定进行,安全网应按有关规定搭设或拆除。

7. 施工区域应保持清洁。夜间施工灯光应向场内照射;

焊接电弧应采取防护措施。夜间施工应做好申报手续，应按政府相关部门批准的要求施工。现场油漆涂装和防火涂料施工时，应采取防污染措施。钢结构安装现场剩下的废料和余料应妥善分类收集，并应统一处理和回收利用，不得随意搁置、堆放。

8. 对施工现场场界噪声进行检测和记录，噪声排放不得超过国家标准。施工场地的强噪声设备宜设置在远离居民区的一侧，可采取对强噪声设备进行封闭等降低噪声措施。施工现场应安排专人洒水、清扫。

4.2 紧固件连接工程

4.2.1 施工要点

1. 普通螺栓可采用普通扳手紧固，螺栓紧固应使被连接件接触面、螺栓头和螺母与构件表面密贴。普通螺栓紧固应从中间开始，对称向两边进行，大型接头宜采用复拧。

2. 连接薄钢板采用的钢拉铆钉、自攻螺钉、射钉等，其规格尺寸应与被连接钢板相匹配，间距、边距等应符合设计要求。钢拉铆钉和自攻螺钉的钉头部分应靠在较薄的板件一侧。自攻螺钉、钢拉铆钉、射钉等与连接钢板应紧固密贴，外观应排列整齐。

3. 高强度螺栓现场安装时应能自由穿入螺栓孔，不得强行穿入。螺栓不能自由穿入时，可采用铰刀或锉刀修整螺栓孔，不得采用气割扩孔，扩孔数量应征得设计单位同意，修整或扩孔后的孔径不应超过螺栓直径的 1.2 倍。

4. 高强度螺栓连接节点螺栓群的初拧、复拧和终拧，应采用合理的施拧顺序。高强度螺栓连接副的初拧、复拧、终拧，宜在24h内完成。

4.2.2 质量要点

1. 经验收合格的紧固件连接节点与拼接接头，应按设计文件的规定及时进行防腐和防火涂装。接触腐蚀性介质的接头应用防腐腻子等材料封闭。

2. 螺栓球节点钢网架总拼完成后，高强度螺栓与球节点应紧固连接，螺栓拧入螺栓球内的螺纹长度不应小于螺栓直径的1.1倍，连接处不应出现间隙、松动等未拧紧情况。

4.2.3 质量验收

1. 主控项目

（1）钢结构连接用高强度大六角头螺栓连接副、扭剪型高强度螺栓连接副、钢网架用高强度螺栓、普通螺栓、铆钉、自攻螺钉、钢拉铆钉、射钉、锚栓（机械型和化学试剂型）、地脚锚栓等紧固标准件及螺母、垫圈等标准配件，其品种、规格、性能等应符合现行国家产品标准和设计要求。高强度大六角头螺栓连接副和扭剪型高强度螺栓连接副出厂时应分别随箱带有扭矩系数和紧固轴力（预拉力）的检验报告。

（2）高强度大六角头螺栓连接副应检验扭矩系数，其检验结果应符合要求。

（3）扭剪型高强度螺栓连接副应检验预拉力，其检验结果应符合要求。

（4）普通螺栓作为永久性连接螺栓时，当设计有要求或对其质量有疑义时，应进行螺栓实物最小拉力载荷复验，其结果应符合现行国家标准《紧固件机械性能 螺栓、螺钉和螺柱》(GB/T 3098.1)的规定。

（5）连接薄钢板采用的自攻螺钉、钢拉铆钉、射钉等的规格尺寸应与连接钢板相匹配，其间距、边距等应符合设计要求。

（6）钢结构制作和安装单位应进行高强度螺栓连接摩擦面的抗滑移系数试验和复验，现场处理的构件摩擦应单独进行摩擦面抗滑移系数试验，其结果应符合设计要求。

（7）高强度大六角头螺栓连接副终拧完成 1h 后，48h 内应进行终拧扭矩检查，其检查结果应符合设计要求。

（8）扭剪型高强度螺栓连接副终拧后，除因构造原因无法使用专用扳手终拧掉梅花头者外，未在终拧中拧掉梅花头的螺栓数不应大于该节点螺栓数的 5%。对所有梅花头未拧掉的扭剪型高强度螺栓连接副，应采用扭矩法或转角法进行终拧并做标记，且按规定进行拧扭矩检查。

2. 一般项目

（1）高强度螺栓连接副应按包装箱配套供货，包装箱上应标明批号、规格、数量及生产日期。螺栓、螺母、垫圈外观表面应涂油保护，不应出现生锈和沾染脏物，螺纹不应损伤。

（2）对建筑结构安全等级为一级，跨度 40m 及以上的螺栓球节点钢网架结构，其连接高强度螺栓应进行表面硬度试验，对 8.8 级的高强度螺栓，其硬度应为 HRC21～29；10.9 级高强度螺栓，其硬度应为 HRC32～36，且不得有裂纹或损伤。

（3）永久普通螺栓紧固应牢固、可靠，外露丝扣不应少于 2 扣。

（4）自攻螺钉、钢拉铆钉、射钉等与连接钢板应紧固密贴，外观排列整齐。

（5）高强度螺栓连接副的施拧顺序和初拧、复拧扭矩应符合设计要求和现行行业标准《钢结构高强度螺栓连接技术规程》(JGJ 82)的规定。

(6) 高强度螺栓连接副终拧后,螺栓丝扣外露应为2～3扣,其中允许有10%的螺栓丝扣外露1扣或4扣。

(7) 高强度螺栓连接摩擦面应保持干燥、整洁,不应有飞边、毛刺、焊接飞溅物、焊疤、氧气铁皮、污垢等,除设计要求外,摩擦面不应涂漆。

(8) 高强度螺栓应自由穿入螺栓孔。高强度螺栓孔不应采用气割扩孔,扩孔数量应征得设计同意,扩孔后的孔径不应超过1.2d(d为螺栓直径)。

(9) 螺栓球节点钢网架总拼完成后,高强度螺栓与球节点应紧固连接,高强度螺栓拧入螺栓球内的螺纹长度不应小于1.0d(d为螺栓直径),连接处不应出现间隙、松动等未拧紧情况。

4.2.4 安全与环保措施

同4.1 钢结构焊接工程的4.1.4的要求。

4.3 钢结构件组装工程

4.3.1 施工要点

1. 吊车梁的下翼缘和重要受力构件的受拉面不得焊接临时工装夹具、临时定位板、临时连接板等。

2. 拆除临时工装夹具、临时定位板、临时连接板等,严禁用锤击落,应在距离构件表面3～5mm处采用气割切除,对残留的焊疤应打磨平整,且不得损伤母材。

3. 构件外形矫正宜采取先总体后局部、先主要后次要、先下部后上部的顺序。

4.3.2 质量要点

1. 构件组装间隙应符合设计和工艺文件要求,当设计和工艺文件无规定时,组装间隙不宜大于 2.0mm。

2. 焊接构件组装时应预设焊接收缩量,并应对各部件进行合理的焊接收缩量分配。重要或复杂构件宜通过工艺性试验确定焊接收缩量。

3. 设计要求起拱的构件,应在组装时按规定的起拱值进行起拱,其起拱允许偏差为起拱值的 0%～10%,且不应大于 10mm。设计未要求但施工工艺要求起拱的构件,其起拱允许偏差不应大于起拱值的 ±10%,且不应大于 ±10mm。

4. 桁架结构组装时,杆件轴线交点偏移不应大于 3mm。

4.3.3 质量验收

1. 主控项目

(1) 吊车梁和吊车桁架不应下挠。

(2) 端部铣平的允许偏差应符合表 4-2 的规定。

表 4-2 端部铣平的允许偏差   mm

项　　目	允许偏差
两端铣平时构件长度	±2.0
两端铣平时零件长度	±0.5
铣平面的平面度	0.3
铣平面对轴线的垂直度	$l/1500$

注:l 为构件长度(mm)。

(3) 钢构件外形尺寸主控项目的允许偏差应符合表 4-3

的规定。

表 4-3 钢构件外形尺寸主控项目的允许偏差   mm

项　目	允许偏差
单层柱、梁、桁架受力支托（支承面）表面至第一个安装孔距离	±1.0
多节柱铣平面至第一个安装孔距离	±1.0
实腹梁两端最外侧安装孔距离	±3.0
构件连接处的截面几何尺寸	±3.0
柱、梁连接处的腹板中心线偏移	2.0
受压构件（杆件）弯曲矢高	$l/1000$，且不应大 10.0

注：l 为构件长度（mm）。

2. 一般项目

（1）焊接 H 型钢的翼缘板拼接缝和腹板拼接缝的间距不应小于 200mm。翼缘板拼接长度不应小于 2 倍板宽；腹板拼接宽度不应小于 300mm，长度不应小于 600mm。

（2）顶紧接触面应有 75% 以上的面积紧贴。

（3）桁架结构杆件轴线交点错位的允许偏差不得大于 3.0mm。

（4）安装焊缝坡口的允许偏差应符合表 4-4 的规定。

表 4-4 安装焊缝坡口的允许偏差

项　目	允许偏差
坡口角度（°）	±5
钝边/mm	±1.0

（5）外露铣平面应进行防锈保护。

4.3.4 安全与环保措施

同4.1 钢结构焊接工程的4.1.4的要求。

4.4 钢构件预拼工程

4.4.1 施工要点

1. 构件应在自由状态下进行预拼装。

2. 采用螺栓连接的节点连接件，必要时可在预拼装定位后进行钻孔。

4.4.2 质量要点

1. 构件预拼装应按设计图的控制尺寸定位，对有预起拱、焊接收缩等的预拼装构件，应按预起拱值或收缩量的大小对尺寸定位进行调整。

2. 预拼装检查合格后，宜在构件上标注中心线、控制基准线等，必要时可设置定位器。

3. 预拼装所用的支承凳或平台应测量找平，检查时应拆除全部临时固定和拉紧装置。

4.4.3 质量验收

1. 主控项目

高强度螺栓和普通螺栓连接的多层板，应采用试孔器进行检查，并应符合下列规定：

1) 当采用比孔公称直径小1.0mm的试孔器检查时，每组孔的通过率不应小于85%。

2) 当采用比螺栓公称直径大0.3mm的试孔器检查时，通过率应为100%。

2. 一般项目

钢构件预拼装的允许偏差及检验方法应符合表4-5的规定。

表 4-5 钢构件预拼装的允许偏差及检验方法

构件类型	项目		允许偏差 /mm	检验方法
多节柱	预拼装单元总长		±5.0	用钢尺检查
	预拼装单元弯曲矢高		$l/1500$，且不应大于 10.0	用拉线和钢尺检查
	接口错边		2.0	用焊缝量规检查
	预拼装单元柱身扭曲		$h/200$，且不应大于 5.0	用拉线、吊线和钢尺检查
	顶紧面至任一牛脚距离		±2.0	
梁、桁架	跨度最外两端安装孔或两端支承面最外侧距离		+5.0 −10.0	用钢尺检查
	接口截面错位		2.0	用焊缝量规检查
	拱度	设计要求起拱	±l/5000	用拉线和钢尺检查
		设计未要求起拱	$l/2000$ 0	
	节点处杆件轴线错位		4.0	划节后用钢尺检查
管构件	预拼装单元总长		±5.0	用钢尺检查
	预拼装单弯曲矢高		$l/1500$，且不应大于 10.0	用拉线和钢尺检查
	对口错边		$t/10$，且不应大于 3.0	用焊缝量规检查
	坡口间隙		+2.0 −1.0	
构件平面总体预拼装	各楼层柱距		±4.0	用钢尺检查
	相邻楼层梁与梁之间距离		±3.0	
	各层间框架两对角线之差		$H/2000$，且不应大于 5.0	
	任意两对角线之差		$H/2000$，且不应大于 8.0	

注：l 为构件长度（mm）；h 为截面高度（mm）；H 为柱的高度（mm）；t 为管壁厚度（mm）。

4.4.4 安全与环保措施

同 4.1 钢结构工程的 4.1.4 的要求。

4.5 钢结构安装

4.5.1 施工要点

1. 钢结构安装应根据结构特点按照合理顺序进行，并应形成稳固的空间刚度单元，必要时应增加临时支承结构或临时措施。

2. 钢结构吊装宜在构件上设置专门的吊装耳板或吊装孔。设计文件无特殊要求时，吊装耳板和吊装孔可保留在构件上，需去除耳板时，可采用气割或碳弧气刨方式在离母材 3～5mm 位置切除，严禁采用锤击方式去除。

3. 钢结构安装宜采用塔式起重机、履带吊、汽车吊等定型产品。选用非定型产品作为起重设备时，应编制专项方案，并应经评审后再组织实施。

4. 钢结构吊装作业必须在起重设备的额定起吊重量范围内进行。

5. 安装时，必须控制屋面、楼面、平台等的施工荷载，施工荷载和冰雪荷载等严禁超过梁、桁架、楼面板、屋面板、平台铺板等的承载能力。

4.5.2 质量要点

1. 钢柱安装首节以上的钢柱定位轴线应从地面控制轴线直接引上，不得从下层柱的轴线引上；钢柱校正垂直度时，应确定钢梁接头焊接的收缩量，并应预留焊缝收缩变形值。

2. 钢梁安装宜采用两点起吊；当单根钢梁长度大于

21m，采用两点吊装不能满足构件强度和变形要求时，宜设置 3～4 个吊装点吊装或采用平衡梁吊装，吊点位置应通过计算确定；钢梁面的标高及两端高差可采用水准仪与标尺进行测量，校正完成后应进行永久性连接。

3. 支撑安装交叉支撑宜按从下到上的顺序组合吊装。

4. 后安装构件应根据设计文件或吊装工况的要求进行安装，其加工长度宜根据现场实际测量确定；当后安装构件与已完成结构采用焊接时，应采取减少焊接变形和焊接残余应力措施。

5. 同一流水作业段、同一安装高度的一节柱，当各柱的全部构件安装、校正、连接完毕并验收合格后，应再从地面引放上一节柱的定位轴线。

6. 在形成空间刚度单元后，应及时对柱底板和基础顶面的空隙进行细石混凝土、灌浆料等二次浇灌。

4.5.3 质量验收

1. 主控项目

（1）建筑物的定位轴线、基础上柱的定位轴线和标高、地脚螺栓（锚栓）的规格和位置、地脚螺栓（锚栓）紧固应符合设计要求。当设计无要求时，建筑物的定位轴线、基础上柱的定位轴线和标高、地脚螺栓（锚栓）的位置的允许偏差应符合表 4-6 的规定。

表 4-6 建筑物的定位轴线、基础上柱的定位轴线和标高、地脚螺栓（锚栓）的位置的允许偏差　　mm

项　　目	允许偏差
建筑物的定位轴线	$L/20000$，且不应大于 3.0
基础上柱的定位轴线	1.0

续表

项　目	允许偏差
基础上柱的标高	±2.0
地脚螺栓（锚栓）的位置	2.0

注：L为建筑物的长或宽（mm）。

（2）基础顶面直接作为柱的支承面和基础顶面预埋钢板或支座作为柱的支承面时，其支承面、地脚螺栓（锚栓）位置的允许偏差应符合表4-7的规定。

表4-7　支承面、地脚螺栓（锚栓）位置的允许偏差　　mm

项　目		允许偏差
支承面	标高	±3.0
	水平度	$l/1000$
地脚螺栓（锚栓）	螺栓中心偏移	5.0
	螺栓露出长度	+30.0 0
	螺纹长度	+30.0 0
预留孔中心偏移		10.0

注：l为钢结构的长度（mm）。

（3）采用坐浆垫板时，坐浆垫板的允许偏差应符合表4-8的规定。

表4-8　坐浆垫板的允许偏差　　mm

项　目	允许偏差
顶面标高	0.0 −3.0
水平度	$l/1000$
位置	20.0

注：l为钢结构的长度（mm）。

(4) 采用杯口基础时，杯口尺寸的允许偏差应符合表4-9的规定。

表 4-9　杯口尺寸的允许偏差　　mm

项　　目	允许偏差
底面标高	0.0 −5.0
杯口深度	±5.0
杯口垂直度	$H/1000$，且不应大于 10.0
位置	10.0

注：H 为杯口深度（mm）。

(5) 钢构件应符合设计要求。运输、堆放和吊装等造成的钢构件变形及涂层脱落，应进行矫正和修补。

(6) 柱子安装的允许偏差应符合表4-10的规定。

表 4-10　柱子安装的允许偏差　　mm

项　　目	允许偏差
底层柱柱底轴线对定位轴线偏移	3.0
柱子定位轴线	1.0
单节柱的垂直度	$h/1000$，且应大于 10.0

注：h 为单节柱，高度（m）。

(7) 设计要求顶紧的节点，接触面不应少于70%紧贴，且边缘最大间隙不应大于0.8mm。

(8) 钢主梁、次梁及受压杆件的垂直度和侧向弯曲矢高的允许偏差应符合表4-11的规定。

表 4-11 钢屋（托）架、桁架、梁及受压杆件的垂直度和侧向弯曲矢高的允许偏差   mm

项　目	允许偏差		图　例
跨中的垂直度	$h/250$，且不应大于 15.0		
侧向弯曲矢高 f	$l \leqslant 30\text{m}$	$l/1000$，且不应大于 10.0	
	$30\text{m}<l\leqslant 60\text{m}$	$l/1000$，且不应大于 30.0	
	$l>60\text{m}$	$l/1000$，且不应大于 50.0	

（9）单层钢结构主体结构的整体垂直度和整体平面弯曲矢高的允许偏差应符合表 4-12 的规定。

表 4-12 单层钢结构主体结构的整体垂直度和整体平面弯曲矢高的允许偏差 mm

项　　目	允许偏差
主体结构的整体垂直度	$H/1000$，且不应大于 25.0
主体结构的整体平面弯曲矢高	$L/1500$，且不应大于 25.0

注：H 为主体结构高度（mm）；L 为主体结构长度（mm）。

（10）多层及高层钢结构主体结构的整体垂直度和整体平面弯曲矢高的允许偏差应符合表 4-13 的规定。

表 4-13 多层及高层钢结构主体结构的整体垂直度和整体平面弯曲矢高的允许偏差 mm

项　　目	允许偏差
主体结构的整体垂直度	$H/2500+10.0$，且不应大于 25.0
主体结构的整体平面弯曲矢高	$L/1500$，且不应大于 25.0

注：H 为主体结构高度（mm）；L 为主体结构长度（mm）。

（11）钢网架结构支座定位轴线的位置、支座锚栓的规格应符合设计要求。

（12）支承面顶板的位置、顶面标高、顶面水平度以及支座锚栓的位置的允许偏差应符合表 4-14 的规定。

表 4-14 支承面顶板的位置、顶面标高、顶面水平度以及支座锚栓的位置的允许偏差 mm

项　　目		允许偏差
支承面顶板	位置	15.0
	顶面标高	0 −0.3
	顶面水平度	$l/1000$
支座锚栓	中心偏移	±5.0

注：l 为顶板的跨度（mm）。

(13) 支承垫块的种类、规格、摆放位置和朝向,必须符合设计要求和国家现行有关标准的规定。橡胶垫块与刚性垫块之间或不同类型刚性垫块之间不得互换使用。

(14) 钢网架支座锚栓的紧固应符合设计要求。

(15) 对建筑结构安全等级为一级,跨度40m及以上的公共建筑钢网架结构,且设计有要求,应按下列项目进行节点承载力试验,其结果应符合以下规定:

1) 焊接球节点应按设计指定规格的球及其匹配的钢管焊接成试件,进行轴心拉、压承载力试验,其试验破坏荷载值大于或等于1.6倍设计承载力为合格。

2) 螺栓球节点应按设计指定规格的球最大螺栓孔螺纹进行抗拉强度保证荷载试验,当达到螺栓的设计承载力时,螺孔、螺纹及封板仍完好无损为合格。

(16) 钢网架结构总拼完成后及屋面工程完成应分别测量其挠度值,且所测的挠度值不应超过相应设计值的1.15倍。

2. 一般项目

(1) 地脚螺栓(锚栓)尺寸的偏差应符合表4-15的规定。地脚螺栓(锚栓)的螺纹应受到保护。

表4-15 地脚螺栓(锚栓)尺寸的允许偏差 mm

项 目	允许偏差
螺栓(锚栓)露出长度	+30.0 0.0
螺纹长度	+30.0 0.0

(2) 当钢桁架(或梁)安装在混凝土柱上时,其支座中

心对定位轴线的偏差不应大于10mm；当采用大型混凝土屋面板时，钢桁架（或梁）间距的偏差不应大于10mm。

（3）钢结构表面应干净，主要表面不应有疤痕、泥沙等污垢。

（4）现场焊缝组对间隙的允许偏差应符合表4-16的规定。

表4-16　现场焊缝组对间隙的允许偏差　　　　　　mm

项　目	允许偏差
无垫板间隙	+3.0 0.0
有垫板间隙	+3.0 0.0

（5）支座锚栓紧固的允许偏差应符合表4-15的规定。支座锚栓的螺纹应受到保护。

（6）钢网架结构安装完成后，其安装的允许偏差及检验方法应符合表4-17的规定。

表4-17　钢网架结构安装的允许偏差及检验方法

项　目	允许偏差/mm	检验方法
纵向、横向长度	$L/2000$，且不应大于30.0 $-L/2000$，且不应大于-30.0	用钢尺实测
支座中心偏移	$L/3000$，且不应大于30.0	用钢尺和经纬仪实测
周边支承钢网架相邻支座高差	$L/400$，且不应大于15.0	用钢尺和水准仪实测
支座最大高差	30.0	
多点支承钢网架相邻支座高差	$L_1/800$，且不应大于30.0	

注：1. L为纵向、横向长度；
　　2. L_1为相邻支座间距。

4.5.4 安全与环保措施

同 4.1 钢结构焊接工程的 4.1.4 的要求。

4.6 压型金属板工程

4.6.1 施工要点

1. 压型金属板应采用专用吊具装卸和转运，严禁直接采用钢丝绳绑扎吊装。

2. 转运至楼面的压型金属板应当天安装和连接完毕，当有剩余时应固定在钢梁上或转移到地面堆场。

3. 压型金属板需预留设备孔洞时，应在混凝土浇筑完毕后使用等离子切割或空心钻开孔，不得采用火焰切割。

4. 设计文件要求在施工阶段设置临时支承时，应在混凝土浇筑前设置临时支承，待浇筑的混凝土强度达到规定强度后方可拆除。混凝土浇筑时应避免在压型金属板上集中堆载。

4.6.2 质量要点

1. 压型金属板安装前，应在支承结构上标出压型金属板的位置线。铺放时，相邻压型金属板端部的波形槽口应对准。

2. 压型金属板与主体结构（钢梁）的锚固支承长度应符合设计要求，且不应小于50mm；端部锚固可采用点焊、贴角焊或射钉连接，设置位置应符合设计要求。

3. 支承压型金属板的钢梁表面应保持清洁，压型金属板与钢梁顶面的间隙应控制在1mm以内。

4. 安装边模封口板时，应与压型金属板波距对齐，偏差不大于3mm。

4.6.3 质量验收

1. 主控项目

(1) 压型金属板成型后,其基板不应有裂纹。

(2) 有涂层、镀层压型金属板成型后,涂、镀层不应有肉眼可见的裂纹、剥落和擦痕等缺陷。

(3) 压型金属板、泛水板和包角板等应固定可靠、牢固、防腐涂料涂刷和密封材料敷设应完好,连接件数量、间距应符合设计要求和国家现行有关标准规定。

(4) 压型金属板应在支承构件上可靠搭接,搭接长度应符合设计要求,且不应小于表 4-18 所规定的数值。

表 4-18 压型金属板在支承构件上的搭接长度 mm

项 目		搭接长度
截面高度>70mm		375
截面高度≤70mm	屋面坡度<1/10	250
	屋面坡度≥1/10	200
墙面		120

(5) 组合楼板中压型钢板与主体结构(梁)的锚固支承长度应符合设计要求,且不应小于 50mm,端部锚固件连接可靠,设置位置应符合设计要求。

2. 一般项目

(6) 压型金属板的尺寸允许偏差应符合表 4-19 的规定。

表 4-19 压型金属板的尺寸允许偏差 mm

项 目			允许偏差
波距			±2.0
波高	压型钢板	截面高度≤70mm	±1.5
		截面高度>70mm	±2.0
侧向弯曲	在测量长度 l_1 范围内		20.0

注:l_1 为测量长度,指板长扣除两端各 0.5m 后的实际长度(小于 10m)或扣除任选的 10m 长度。

(7)压型金属板成型后,表面应干净,不应有明显凹凸和皱折。

(8)压型金属板施工现场制作的允许偏差应符合表4-20的规定。

表4-20 压型金属板施工现场制作的允许偏差 mm

项 目		允许偏差
压型金属板的覆盖宽度	截面高度≤70mm	+10.0,-0.2
	截面高度>70mm	+6.0,-2.0
板长		±9.0
横向剪切		6.0
泛水板、包角板尺寸	板长	±6.0
	折弯曲宽度	±3.0
	折弯曲夹角(°)	2

(9)压型金属板安装应平整、顺直、板面不应有施工残留和污物。檐口和墙下端应吊直线,不应有未经处理的错钻孔洞。

(10)压型金属板安装的允许偏差应符合表4-21的规定。

表4-21 压型金属板安装的允许偏差 mm

项 目		允许偏差
屋面	檐口与屋脊的平行度	12.0
	压型金属板波纹线对屋脊的垂直度	$L/800$,且不应大于25.0
	檐口相邻两块压型金属板端部错位	6.0
	压型金属板卷边板件最大波浪高度	4.0
墙面	墙板波纹线的垂直度	$H/800$,且不应大于25.0
	墙板包角板的垂直度	$H/800$,且不应大于25.0
	相邻两块压型金属板的下端错位	6.0

注:L为屋面半坡或单坡长度(mm);H为墙面高度(mm)。

4.6.4 安全与环保措施

同 4.1 钢结构焊接工程的 4.1.4 的要求。

4.7 钢结构涂装工程

4.7.1 施工要点

1. 漆装时的环境温度和相对湿度应符合涂料产品说明书的要求；当产品说明书无要求时，环境温度宜为 5～38℃，相对湿度不应大于 85%。漆装时构件表面不应有结露；漆装后 4h 内应保护免受雨淋。

2. 表面除锈处理与涂装的间隔时间宜在 4h 之内，在车间内作业或湿度较低的晴天不应超过 12h。

3. 钢结构表面处理与热喷涂施工的间隔时间，晴天或湿度不大的气候条件下应在 12h 以内，雨天、潮湿、有盐雾的气候条件下不应超过 2h。

4.7.2 质量要点

1. 经处理的钢材表面不应有焊渣、焊疤、灰尘、油污、水和毛刺等；对于镀锌构件，酸洗除锈后，钢材表面应露出金属色泽，并应无污渍、锈迹和残留酸液。

2. 构件油漆补涂应符合下列规定：

（1）表面涂有工厂底漆的构件，因焊接、火焰校正、曝晒和擦伤等造成重新锈蚀或附有白锌盐时，应经表面处理后再按原涂装规定进行补漆。

（2）运输、安装过程的涂层碰损、焊接烧伤等，应根据原涂装规定进行补涂。

3. 金属热喷涂施工应符合下列规定。

（1）采用的压缩空气应干燥、洁净。

（2）喷枪与表面宜成直角，喷枪的移动速度应均匀，各喷涂层之间的喷枪方向应相互垂直、交叉覆盖。

（3）一次喷涂厚度宜为 25~80mm，同一层内各喷涂带间应有 1/3 的重叠宽度。

（4）当大气温度低于 5℃ 或钢结构表面温度低于露点 3℃ 时，应停止热喷涂操作。

4. 防火涂装基层表面应无油污、灰尘和泥沙等污垢，且防锈层应完整。

4.7.3 质量验收

1. 主控项目

（1）钢结构防腐涂料涂装前钢材表面除锈应符合设计要求和国家现行有关标准和规定。处理后的钢材表面不应有焊渣、焊疤、灰尘、油污、水和毛刺等。当设计无要求时，钢材表面除锈等级应符合表 4-22 的规定。

表 4-22 各种底漆或防锈漆要求最低的除锈等级

涂料品种	除锈等级
油性酚醛、醇酸等底漆或防锈漆	St2
高氯化聚乙烯、氯化橡胶、氯磺化聚乙烯、环氧树脂、聚氨酯等底漆或防锈漆	Sa2
无机富锌、有机硅、过氯乙烯等底漆	$Sa2\frac{1}{2}$

（2）漆料、涂装遍数、涂层厚度均应符合设计要求。当设计对涂层厚度无要求时，涂层干漆膜总厚度：室外应为 $15\mu m$，室内应为 $125\mu m$，其允许偏差为 $-25\mu m$。每遍涂层干漆膜厚度的允许偏差为 $-5\mu m$。

（3）防火漆料涂装前钢材表面除锈及防锈底漆涂装应符

合设计要求和国家现行有关标准的规定。

（4）钢结构防火漆料的粘结强度、抗压强度应符合现行国家标准《钢结构防火漆料应用技术规程》（CECS 24：90）的规定。检验方法应符合现行国家标准《建筑构件用防火保护材料通用要求》（GB/T 110）的规定。

（5）薄涂型防火涂料的涂层厚度应符合有关耐火极限的设计要求。厚漆型防火涂料涂层的厚度，80%及以上面积应符合有关耐火极限的设计要求，且最薄处厚度不应低于设计要求的85%。

（6）薄涂型防火漆料漆层表面裂纹宽度不应大于0.5mm；厚涂型防火漆料涂层表面裂纹宽度不应大于1mm。

2. 一般项目

（1）构件表面不应误漆、漏涂，涂层不应脱皮和返锈等。涂层应均匀、无明显皱皮、流坠、针眼和气泡等。

（2）当钢结构处在有腐蚀介质环境或外露且设计有要求时，应进行涂层附着力测试，在检测范围内，当涂层完整程度达到70%以上时，涂层附着力达到合格质量标准的要求。

（3）涂装完成后，构件的标志、标记和编号应清晰完整。

（4）防火漆料漆装基层不应有油污、灰尘和泥沙等污垢。

（5）防火漆料不应有误涂、漏涂，涂层应闭合无脱层、空鼓、明显凹陷、粉化松散和浮浆等外观缺陷，乳突已剔除。

4.7.4 安全与环保措施

同4.1 钢结构焊接工程的4.1.4的要求。

5 屋面工程

5.1 基层与保护工程

5.1.1 施工要点

1. 找坡层宜采用轻骨料混凝土；找坡材料应分层铺设和适当压实，表面应平整。

2. 找平层宜采用水泥砂浆或细石混凝土；找平层的抹平工序应在初凝前完成，压光手续应在终凝前完成，终凝后应进行养护；找平层分格缝纵横间距不宜大于6m，分格缝的宽度宜为5～20mm。

3. 隔汽层应设置在结构层和保温层之间；隔汽层应选用气密性、水密性好的材料。在屋面与墙的交接处，隔汽层应沿墙面向上连续铺设，高出保温层上表面不得小于150mm。隔汽层采用卷材时宜空铺，卷材搭接缝应满粘，其搭接宽度不应小于80mm；隔汽层采用涂料时，应涂刷均匀。穿过隔汽层的管线周围应封严，转角处应无折损；隔汽层有缺陷或破损的部位，均应进行返修。

4. 块体材料、水泥砂浆或细石混凝土保护层与卷材、涂膜防水层之间，应设置隔离层；隔离层可采用干铺塑料膜、土工布、卷材或铺抹低强度等级砂浆。

5. 防水层上的保护层施工，应待卷材铺贴完成或涂料固化成膜，并经检验合格后进行。用块体做保护层时，宜设置分格缝,分格缝纵横间距不应大于10m,分格缝宽度宜为20mm;用水泥砂浆做保护层时,表面应抹平压光,并应设表面分格缝,分格面积为$1m^2$;用细石混凝土做保护层时,混凝土应振捣密实,表面应抹平压光,分格缝纵横向间距不应大于6m。分格缝宽度宜为10~20mm。

6. 块体材料、水泥砂浆或细石混凝土保护层与女儿墙和山墙之间,应预留宽度为30mm的缝隙,缝内宜填塞聚苯乙烯泡沫塑料,并应用密封材料嵌填密实。

5.1.2 质量要点

1. 找坡层和找平层所用材料的质量和配合比应符合设计要求。找坡层和找平层的排水坡度应符合设计要求。

2. 找平层应抹平、压光,不得有疏松、起砂、起皮现象。

3. 卷材防水层的基层与凸出屋面结构的交接处,以及基层的转角处,找平层应做成圆弧形,且应整齐平顺。

4. 找平层分格缝的宽度和间距应符合设计要求。

5. 隔汽层所用材料的质量应符合设计要求。隔汽层不得有破损现象。

6. 卷材隔汽层应铺设平整,卷材搭接接缝应粘结牢固,密封应严密,不得有扭曲、皱折和起泡等缺陷;涂膜隔汽层应粘结牢固,表面平整,涂布均匀,不得有堆积、起泡和露底等缺陷。

7. 隔离层所用材料的质量和配合比应符合设计要求。隔离层不得有破损和漏铺现象。

8. 保护层所用材料的质量和配合比应符合设计要求。块体材料、水泥砂浆或细石混凝土保护层的强度等级应符合设计要求。

9. 块体材料保护层表面应干净，接缝应平整，周边应顺直，镶嵌应正确，无空鼓现象；水泥砂浆、细石混凝土保护层不得有裂纹、脱皮、麻面和起砂等现象；浅色涂料应与防水层粘结牢固，厚薄应均匀，不得涂漏。

5.1.3 质量验收

1. 基层与保护工程各分项工程每个检验批的抽检数量，应按屋面面积每 $100m^2$ 抽查 1 处，每处应为 $10m^2$，且不得少于 3 处。

2. 找坡层表面平整度的允许偏差为 7mm，找平层表面平整度的允许偏差为 5mm。

3. 保护层的允许偏差和检验方法应符合表 5-1 的规定。

表 5-1 保护层的允许偏差和检验方法

项 目	允许偏差/mm			检验方法
	块体材料	水泥砂浆	细石混凝土	
表面平整度	4.0	4.0	5.0	2m靠尺和塞尺检查
缝格宽度	3.0	3.0	3.0	拉尺和尺量检查
接缝高低差	1.5	—	—	直尺和塞尺检查
板块间隙宽度	2.0	—	—	尺量检查
保护层厚度	设计厚度的10%，且不得大于5mm			钢针插入和尺量检查

5.1.4 安全与环保措施

1. 项目部进行屋面施工时，屋面周围应设置符合要求的防护栏杆。屋面上的孔洞应加盖封严，短边尺寸大于1.5m 时，孔洞周边也应设置符合要求的防护栏杆，底部加设安全平网。在坡度较大的屋面施工时，采取专门的安全措施。

2.施工现场生产、生活用水应使用节水型生活用水器具，在水源处应设置明显的节约用水标志。施工现场应充分利用雨水资源，设置沉淀池、废水回收设施。

3.对施工现场场界噪声进行检测和记录，噪声排放不得超过国家标准。施工场地的强噪声设备宜设置在远离居民区的一侧，可采取对强噪声设备进行封闭等降低噪声措施。

4.施工现场大门口应设置冲洗车辆设备，出场时必须将车辆清理干净，不得将泥沙带出现场。对施工现场及运输的易飞扬、细颗粒散体材料进行密闭、存放。

5.2 保温与隔热工程

5.2.1 施工要点

1.板状材料保温层采用干铺法施工时，板状保温材料应紧靠在基层表面上，应铺平垫稳；分层铺设的板块上下层接缝应相互错开，板间缝隙应采用同类材料的碎屑嵌填密实。

2.板状材料保温层采用粘贴法施工时，胶粘剂应与保温材料的材性相容，并应贴严、粘牢；板状材料保温层的平面接缝应挤紧拼严，不得在板块侧面涂抹胶粘剂，超过2mm的缝隙应采用相同材料板条或板片填塞严实。

3.板材保温材料采用机械固定法施工时，应选择专用螺钉和垫片；固定件与结构层之间应连接牢固。

4.纤维材料保温层施工应符合下列规定：

（1）纤维保温材料应紧靠在基层表面上，平面接缝应挤紧拼严，上下层接缝应相互错开。

（2）屋面坡度较大时，宜采用金属或塑料专用固定件将纤维保温材料与基层固定。

（3）纤维材料填充后，不得上人踩踏。

5.喷涂硬泡聚氨酯保护层施工前应对喷涂设备进行调试，并应制备试样进行硬泡聚氨酯的性能检测。一个作业面应分遍喷涂完成，每遍厚度不宜大于15mm；当日的作业面应当连续地喷涂施工完毕。

6.现浇泡沫混凝土保温层施工前，应将基层上的杂物和油污清理干净；基层应浇水湿润，但不得有积水。保温层施工前应对设备进行调试，并应制备试样进行泡沫混凝土的性能检测。浇筑过程中，应随时检查泡沫混凝土的湿密度。

7.种植隔热层与防水层之间宜设细石混凝土保护层。种植隔热层的屋面坡度大于20%时，其排水层、种植土层应采取防滑措施。种植土的厚度及自重应符合设计要求。种植土表面应低于挡墙高度100mm。

8.架空隔热层的高度应按屋面宽度或坡度大小确定。设计无要求时，架空隔热层的高度宜为180~300mm。当屋面宽度大于10m时，应在屋面中部设置通风屋脊，通风口处设置通风箅子。架空隔热制品支座底面的卷材、涂膜防水层，应采取加强措施。

9.每个蓄水池的防水混凝土应一次浇筑完毕，不得留施工缝。防水混凝土应用机械振捣密实，表面应抹平和压光，初凝后应覆盖养护，终凝后覆盖养护，浇水养护不得少于14d，蓄水后不得断水。蓄水池的所有孔洞应预留，不得后凿；所设置的给水管、排水管和溢水管等，均应在蓄水池混凝土施工前安装完毕。

5.2.2 质量要点

1.板状保温材料的质量应符合设计要求。保温层的厚度应符合设计要求，其正偏差应不限，负偏差应为5%，且不得大于4mm。屋面热桥部位处理应符合设计要求。

2. 板状保温材料铺设应紧贴基层，应铺填垫稳，拼缝应严密，粘贴应牢固。固定件的规格、数量和位置均应符合设计要求，垫片应与保温层表面齐平。

3. 纤维保温材料铺设应紧贴基层，拼缝应严密，表面应平整。固定件的规格、数量和位置均应符合设计要求，垫片应与保温层表面齐平。装配式骨架和水泥纤维板应铺钉牢固，表面应平整；龙骨间距和板材厚度应符合设计要求。具有抗水蒸气渗透外覆面的玻璃棉制品，其外覆面应朝向室内，拼缝应用防水密封胶带封严。

4. 硬泡聚氨酯所用原材料的质量及配合比应符合设计要求。硬泡聚氨酯保温层的厚度应符合设计要求，其正偏差应不限，不得有负偏差。硬泡聚氨酯喷涂后20min内严禁上人；硬泡聚氨酯保温层完成后，应及时做保护层。

5. 现浇泡沫混凝土所用原材料的质量及配合比应符合设计要求。现浇泡沫混凝土保温层的厚度应符合设计要求，其正偏差应不限，负偏差应为5%，且不得大于5mm。屋面热桥部位处理应符合设计要求。

6. 现浇泡沫混凝土应分层施工，粘结应牢固，表面应平整，找坡应正确。现浇泡沫混凝土不得有贯通性裂缝，以及疏松、起砂、起皮现象。

7. 种植隔热层所用的材料的质量应符合设计要求。排水层应与排水系统连通。挡墙或挡板泄水孔的留设应符合设计要求，并不得堵塞。

8. 防水混凝土所用原材料的质量及配合比应符合设计要求。防水混凝土的抗压强度和抗渗性能应符合设计要求。

蓄水池不得有渗漏现象。

5.2.3 质量验收

1. 保温与隔热工程各分项工程每个检验批的抽检数量,应按屋面面积每 $100m^2$ 抽查 1 处,每处应为 $10m^2$,且不得少于 3 处。

2. 板状材料保温层表面平整度的允许偏差为 5mm,接缝高低差的允许偏差为 2mm。

3. 纤维材料保温层的厚度应符合设计要求,其正偏差应不限,毡不得有负偏差,板负偏差应为 4%,且不得大于 3mm。

4. 喷涂硬泡聚氨酯保温层表面平整度的允许偏差为 5mm。

5. 现浇泡沫混凝土保温层表面平整度的允许偏差为 5mm。

6. 种植土应铺设平整、均匀,其厚度的允许偏差为 ±5%,且不得大于 30mm。

7. 架空隔热制品的质量应符合下列要求:

(1) 非上人屋面的砌块强度等级不应低于 MU7.5;上人屋面的砌块强度等级不应低于 MU10。

(2) 混凝土板的强度等级不应低于 C20,板厚及配筋应符合设计要求。

(3) 架空隔热制品距山墙或女儿墙不得小于 250mm,架空隔热层的高度及通风屋脊、变形缝做法应符合设计要求。

(4) 架空隔热制品接缝高低差的允许偏差为 3mm。

8. 防水混凝土的表面裂缝宽度不应大于 0.2mm,并不得贯通。蓄水池上所留设的溢水口、过水口、排水管、溢水管等，其位置、标高和尺寸应符合设计要求。

5.2.4　安全与环保措施

同 5.1 基层与保护工程的 5.1.4 的要求。

5.3　防水与密封工程

5.3.1　施工要点

1. 屋面坡度大于 25% 时，卷材应采取满粘和钉压固定措施。

2. 卷材铺贴方向应符合下列规定：

（1）卷材宜平行屋脊铺贴。

（2）上下层卷材不得相互垂直铺贴。

3. 防水涂料应多遍涂布，并应待前一遍涂布的涂料干燥成膜后，再涂布一遍涂料，且前后两遍涂料的涂布方向应相互垂直。

4. 采用复合防水层，卷材和涂料复合使用时，涂膜防水层宜设置在卷材防水层的下面。

5. 密封防水部位的基层应符合下列要求：

（1）基层应牢固，表面应平整、密实，不得有裂缝、蜂窝、麻面、起皮和起砂现象。

（2）基层应清洁、干燥，并应无油污、无灰尘。

（3）嵌入的背衬材料与接缝壁间不得留有空隙。

（4）密封防水部位的基层宜涂刷基层处理剂，涂刷应均匀，不得漏涂。

5.3.2　质量要点

1. 卷材搭接缝应符合下列规定：

（1）平行屋脊的卷材搭接缝应顺流水方向，卷材搭接宽度应符合表 5-2 的规定。

（2）相邻两幅卷材短边搭接缝应错开，且不得小于 500mm。

（3）上下层卷材长边搭接缝应错开，且不得小于幅宽的 1/3。

表 5-2　卷材搭接宽度　　　　　　　　　　mm

卷材类别		搭接宽度
合成高分子防水卷材	胶粘剂	80
	胶粘带	50
	单缝焊	60，有效焊接宽度不小于 25
	双缝焊	80，有效焊接宽度 10×2＋空腔宽
高聚物改性沥青防水卷材	胶粘剂	100
	自粘剂	80

2. 卷材的搭接缝应粘结或焊接牢固，密封应严密，不得扭曲、皱折和翘边。卷材防水层的收头应与基层粘结，钉压应牢固，密封应严密。卷材防水层的铺贴方向应正确，搭接宽度的允许偏差为－10mm。

3. 涂膜防水层与基层应粘结牢固，表面应平整，涂布应均匀，不得有流淌、皱折、起泡和露胎体等缺陷。涂膜防水层的收头应用防水涂料多遍涂刷。铺贴胎体增强材料应平整顺直，搭接尺寸应准确，应排出气泡，并应与涂料粘结牢固；胎体增加材料搭接宽度的允许偏差为－10mm。

4. 卷材与涂膜应粘贴牢固，不得有空鼓和分层现象，复合防水层的总厚度应符合设计要求。

5. 密封材料嵌填应密实、连续、饱满，粘结牢固，不得有气泡、开裂、脱落等缺陷。嵌填的密封材料表面应平滑，缝边应顺直，无明显不平和周边污染现象。

5.3.3 质量验收

1. 防水与密封工程各分项工程每个检验批的抽检数量：防水层应按屋面面积每 100m² 抽查 1 处，每处应为 10m²，且不得少于 3 处；接缝密封防水应按每 50m² 抽查 1 处，每处应为 5m²，且不得少于 3 处。

2. 防水卷材及其配套材料的质量应符合设计要求。卷材防水层不得有渗漏和积水现象。卷材防水层在檐口、檐沟、天沟、落水口、泛水、变形缝和伸出屋面管道的防水构造应符合设计要求。

3. 涂膜防水层防水涂料和胎体增强材料的质量应符合设计要求。涂膜防水层不得有渗漏和积水现象。涂膜防水层在檐口、檐沟、天沟、落水口、泛水、变形缝和伸出屋面管道的防水构造应符合设计要求。涂膜防水层的平均厚度应符合设计要求，且最小厚度不得小于设计厚度的 80%。

4. 复合防水层所用的防水材料及其配套材料的质量应符合设计要求。复合防水层不得有渗漏和积水现象。复合防水层在檐口、檐沟、天沟、落水口、泛水、变形缝和伸出屋面管道的防水构造应符合设计要求；复合防水层卷材与涂膜应粘结牢固，不得有空鼓和分层现象。复合防水层的总厚度应符合设计要求。

5. 密封材料及其配套材料的质量应符合设计要求；接缝宽度和密封材料的嵌填深度应符合设计要求，接缝宽度的允许偏差为 ±10%。

5.3.4 安全与环保措施

同 5.1 基层与保护工程的 5.1.4 的要求。

5.4 瓦面与板面工程

5.4.1 施工要点

1. 平瓦和脊瓦应边缘整齐，表面光洁，不得有分层、裂纹和露砂等缺陷；平瓦的瓦爪与瓦槽的尺寸应配合。

2. 瓦片必须铺置牢固。在大风及地震设防地区或屋面坡度大于100%时，应按设计要求采取固定加强措施。

3. 沥青瓦应自檐口向上铺设。沥青瓦铺设时，每张瓦片不得小于4个固定钉，在大风地区或屋面坡度大于100%时，每张瓦片不得小于6个固定钉。固定钉应垂直钉入沥青瓦盖面，钉帽应与瓦片表面齐平。

4. 金属板铺装应平整、顺滑；压型金属板的紧固件连接应采用带防水垫圈的自攻螺钉，固定点应设置在波峰上；所有自攻螺钉外露的部位均应密封处理。

5. 玻璃采光顶的预埋件应位置准确，安装应牢固。玻璃采光顶的外露金属框或压条应横平竖直，压条安装牢固；玻璃分格缝应横平竖直，均匀一致。

5.4.2 质量要点

1. 挂瓦条应分档均匀，铺钉应平整、牢固；瓦面应平整，行列应整齐，搭接应紧密，檐口应平直。

2. 铺装的有关尺寸应符合设计要求。泛水做法应符合设计要求。

3. 沥青瓦及防水垫层的质量应符合设计要求。沥青瓦屋面不得有渗漏现象。

4. 金属板材及其辅助材料的质量应符合设计要求。金属板屋面不得有渗漏现象。

5. 采光顶玻璃及其配套材料的质量应符合设计要求。玻璃采光顶不得有渗漏现象。硅酮耐候密封胶的打注应密实、连续、饱满，粘结应牢固，不得有气泡、开裂、脱落等缺陷。

5.4.3 质量验收

1. 瓦面与板面工程各分项工程每个检验批的抽检数量，应按屋面面积每 $100m^2$ 抽查 1 处，每处应为 $10m^2$，且不得少于 3 处。

2. 玻璃采光顶与周边墙体之间的连接应符合设计要求。

5.3.4 安全与环保措施

同 5.1 基层与保护工程的 5.1.4 的要求。

5.5 细部构造工程

5.5.1 施工要点

1. 檐口 800mm 范围内的卷材应满粘；卷材收头在找平层的凹槽内用金属压条钉压固定，并用密封材料封严。檐口端部应抹聚合物水泥砂浆，其下端应做成鹰嘴或滴水槽。

2. 女儿墙和山墙的压顶向内排水坡度不应小于5%，压顶内侧下端应做成鹰嘴或滴水槽。

3. 落水口杯上口应设在沟底的最低处；落水口杯应安装牢固。

4. 等高变形缝顶部宜加扣混凝土或金属盖板。混凝土盖板的接缝应用密封材料封严；金属盖板应铺钉牢固，搭接缝应顺流水方向，并应做好防锈处理。高低跨变形缝在高跨墙面上的防水卷材封盖和金属盖板，应用金属压条钉压固定，并用密封材料封严。

5. 伸出屋面管道周围的找平层应抹出高度不小于30mm的排水坡。卷材防水层收头应用金属箍固定，并应用密封材料封严；涂膜防水层收头应用防水涂料多遍涂刷。

6. 屋面垂直出入口防水层收头应压在压顶圈下，附加层铺设应符合设计要求，屋面水平出入口防水层收头应压在混凝土踏步下，附加层铺设和护墙应符合设计要求。屋面出入口的泛水高度不小于250mm。

7. 反梁过水孔的孔洞四周应涂刷防水涂料；预埋管道两端周围与混凝土接触处应留凹槽，并应用密封材料封严。

8. 设施基座与结构层相连时，防水层应包裹设施基座的上部，并应在地脚螺栓周围做密封处理；设施基座直接放置在防水层上时，设施基座下部增设附加层，必要时应在其上浇筑细石混凝土，其厚度不应小于50mm。

9. 平脊和斜脊铺设应顺直，无起伏现象；屋脊应搭盖正确，间距应均匀，封固应严密。

10. 屋顶窗用金属排水板、窗框固定铁脚应与屋面连接牢固，屋顶窗用窗口防水卷材应铺贴平整，粘结应牢固。

5.5.2 质量要点

1. 檐口的防水构造应符合设计要求。檐口的排水坡度应符合设计要求；檐口部位不得有渗漏和积水现象。

2. 檐沟、天沟的防水构造应符合设计要求。檐沟、天沟的排水坡度应符合设计要求；沟内不得有渗漏和积水现象。

3. 女儿墙和山墙的防水构造应符合设计要求。女儿墙和山墙的根部不得有渗漏和积水现象。

4. 落水口的防水构造应符合设计要求。落水口的数量和位置应符合设计要求。

5. 变形缝的防水构造应符合设计要求。变形缝处不得有渗漏和积水现象。

6. 伸出屋面管道的防水构造应符合设计要求。伸出屋面管道部位不得有渗漏和积水现象。伸出屋面管道的泛水高度及附加层铺设应符合设计要求。

7. 屋面出入口的防水构造应符合设计要求。屋面出入口处不得有渗漏和积水现象。

8. 反梁过水孔的防水构造应符合设计要求。反梁过水孔的孔底标高、孔洞尺寸或预埋管管径，均应符合设计要求。

9. 设施基座的防水构造应符合设计要求。设施基座处不得有渗漏和积水现象。

10. 屋脊的防水构造应符合设计要求。屋脊处不得有渗漏和积水现象。

11. 屋顶窗的防水构造应符合设计要求；屋顶窗及其周围不得有渗漏现象。

5.5.3 质量验收

1. 细部构造工程的分项工程每个检验批应全数进行检验。

2. 细部构造所用的卷材、涂料和密封材料的质量应符合设计要求，两种材料之间应具有相容性。

5.5.4 安全与环保措施

同 5.1 基层与保护工程的 5.1.4 的要求。

6 地下防水工程

6.1 防水混凝土

6.1.1 施工要点

1. 防水混凝土施工前应做好降排水工作，不得在有积水的环境中浇筑混凝土。

2. 防水混凝土应分层连续浇筑，分层厚度不得大于500mm，宜少留施工缝。必须留缝的应符合下列要求：墙体水平施工缝不应留在剪力与弯矩最大处或底板与侧墙的交接处，应留在高出底板表面不小于300mm的墙体上；拱（板）墙结合的水平施工缝，宜留在拱（板）墙接缝以下150～300mm处；墙体有预留孔洞时，施工缝距孔洞边缘不应小于300mm。

3. 用于防水混凝土的模板应拼缝严密、支撑牢固。一般不宜采用螺栓或铁丝贯穿混凝土墙来固定模板，当墙较高必须用螺栓穿墙固定模板时，须在螺栓中间加焊一块直径为8～10cm的钢板止水环。

4. 防水混凝土拌合物在运输后如出现离析，必须进行二次搅拌。当坍落度损失后不能满足施工要求时，应加入原水胶比的水泥浆或掺加同品种的减水剂进行搅拌，严禁直接加水。

5. 防水混凝土应机械振捣，避免漏振、欠振和超振。

6. 防水混凝土水平施工缝浇筑混凝土前,应将其表面浮浆和杂物清除,然后铺设净浆或涂刷混凝土界面处理剂、水泥基渗透结晶型防水涂料等材料,再铺30～50mm厚的1:1水泥砂浆,并应及时浇筑混凝土;垂直施工缝浇筑混凝土前,应将其表面清理干净,再涂刷混凝土界面处理剂或水泥基渗透结晶型防水涂料,并应及时浇筑混凝土。

7. 防水混凝土终凝后应立即进行养护,养护时间不得少于14d。

6.1.2 质量要点

1. 防水混凝土采用预拌混凝土时,入泵坍落度宜控制在120～140mm,坍落度每小时损失不应大于20mm,坍落度总损失值不应大于40mm。

2. 大体积防水混凝土的施工应采取材料选择、温度控制、保温保湿等技术措施。在设计许可的情况下,掺粉煤灰混凝土设计强度的龄期宜为60d或90d。

3. 地下防水工程的防水层,严禁在雨天、雪天和五级风及其以上时施工,其施工环境气温条件宜符合表6-1的规定。

表6-1 地下防水工程的防水层材料施工环境气温条件

防水材料	施工环境气温条件
高聚物改性沥青防水卷材	冷粘法、自粘法不低于5℃,热熔法不低于-10℃
合成高分子防水卷材	冷粘法、自粘法不低于5℃,焊接法不低于-10℃
有机防水涂料	溶剂型-5～35℃,反应型、水乳型5～35℃
无机防水涂料	5～35℃
防水混凝土、防水砂浆	5～35℃
膨润土防水材料	不低于-20℃

6.1.3 质量验收

1. 主控项目

(1) 防水混凝土的原材料、配合比及坍落度必须符合设计要求。

(2) 防水混凝土的抗压强度和抗渗性能必须符合设计要求。防水混凝土抗渗性能，应采用标准条件下养护混凝土抗渗试件的试验结果评定。试件应在浇筑地点制作。连续浇筑混凝土时，每 500m³ 应留置一组抗渗试件（一组为 6 个抗渗试件），且每项工程不得少于两组。采用预拌混凝土的抗渗试件，留置组数应视结构的规模和要求而定。

(3) 防水混凝土结构的施工缝、变形缝、后浇带、穿墙管道、埋设件等设置和构造必须符合设计要求。

2. 一般项目

(1) 防水混凝土结构表面应坚实、平整，不得有露筋、蜂窝等缺陷；埋设件位置应准确。

(2) 防水混凝土结构表面的裂缝宽度不应大于 0.2mm，且不得贯通。

(3) 防水混凝土结构厚度不应小于 250mm，其允许偏差应为 +8mm、-5mm；主体结构迎水面钢筋保护层厚度不应小于 50mm，其允许偏差为 ±5mm。

6.1.4 安全与环保措施

1. 混凝土及砂浆搅拌机械应符合现行行业标准《建筑机械使用安全技术规程》（JGJ 33）及《施工现场临时用电安全技术规范》（JGJ 46）的有关规定，施工中应定期对其进行检查、维修，保证机械使用安全。施工现场宜充分利用太阳能。

2. 施工现场生产、生活用水应使用节水型生活用水器具，在水源处应设置明显的节约用水标志。施工现场应充分利用雨水资源，设置沉淀池、废水回收设施。

3. 对施工现场场界噪声进行检测和记录，噪声排放不得超过国家标准。施工场地的强噪声设备宜设置在远离居民区的一侧，可采取对强噪声设备进行封闭等降低噪声措施。

4. 施工现场大门口应设置冲洗车辆设备，出场时必须将车辆清理干净，不得将泥沙带出现场。对施工现场及运输的易飞扬、细颗粒散体材料进行密闭、存放。

6.2 水泥砂浆防水层

6.2.1 施工要点

1. 基层表面应平整、坚实、清洁，并应充分湿润、无明水。

2. 基层表面的孔洞、缝隙，应采用与防水层相同的水泥砂浆堵塞并抹平。

3. 施工前应将埋设件、穿墙管预留凹槽内嵌填密封材料后，再进行水泥砂浆防水层施工。

4. 聚合物水泥防水砂浆拌和后应在规定时间内用完，施工中不得任意加水。

6.2.2 质量要点

1. 防水砂浆的配制，应按所掺材料的技术要求准确计量。

2. 水泥砂浆防水层应分层铺抹或喷涂，铺抹时应压实、抹平，最后一层表面应提浆压光。

3. 水泥砂浆防水层各层应紧密粘合，每层宜连续施工；必须留设施工缝时，应采用阶梯坡形槎，但与阴阳角处的距离不得小于200mm。

4. 水泥砂浆终凝后应及时进行养护，养护温度不宜低于5℃，并应保持砂浆表面湿润，养护时间不得少于14d；聚合物水泥防水砂浆未达到硬化状态时，不得浇水养护或直接受雨水冲刷，硬化后应采用干湿交替的养护方法。潮湿环境中，可在自然条件下养护。

6.2.3 质量验收

1. 主控项目

（1）防水砂浆的原材料及配合比必须符合设计要求。

（2）防水砂浆的粘结强度和抗渗性能必须符合设计要求。

（3）水泥砂浆防水层与基层之间应结合牢固，无空鼓现象。

2. 一般项目

（1）水泥砂浆防水层表面应密实、平整，不得有裂纹、起砂、麻面等缺陷。

（2）水泥砂浆防水层施工缝留槎位置应正确，接槎应按层次顺序操作，层层搭接紧密。

（3）水泥砂浆防水层的平均厚度应符合设计要求，最小厚度不得小于设计值的85%。

（4）水泥砂浆防水层表面平整度的允许偏差应为5mm。

6.2.4 安全与环保措施

同6.1防水混凝土的6.1.4的要求。

6.3 卷材防水层

6.3.1 施工要点

1. 铺贴防水卷材前，基面应干净、干燥，并应涂刷基层处理剂。当基面潮湿时，应涂刷潮湿固化型胶粘剂或潮湿界面隔离剂。

2. 基层阴阳角应做成圆弧形或45°坡角，其尺寸应根据卷材品种确定。在转角处、变形缝、施工缝、穿墙管等部位应铺贴卷材加强层，加强层宽度不应小于500mm。

3. 冷粘法铺贴卷材应符合下列规定：

（1）胶粘剂应涂刷均匀，不得露底、堆积。

（2）根据胶粘剂的性能，应控制胶粘剂涂刷与卷材铺贴的间隔时间。

（3）铺贴时不得用力拉伸卷材，排除卷材下面的空气，辊压粘贴牢固。

（4）铺贴卷材应平整、顺直，搭接尺寸准确，不得扭曲、皱折。

（5）卷材接缝部位应采用专用胶粘剂或胶粘带满粘，接缝口应用密封材料封严，其宽度不应小于10mm。

4. 热熔法铺贴卷材应符合下列规定：

（1）火焰加热器加热卷材应均匀，不得加热不足或烧穿卷材。

（2）卷材表面热熔后应立即滚铺，排除卷材下面的空气，并粘贴牢固。

（3）铺贴卷材应平整、顺直，搭接尺寸准确，不得扭曲、皱折。

（4）卷材接缝部位应溢出热熔的改性沥青胶料，并粘贴牢固，封闭严密。

5. 自粘法铺贴卷材应符合下列规定：

（1）铺贴卷材时，应将有黏性的一面朝向主体结构。

（2）外墙、顶板铺贴时，排除卷材下面的空气，辊压粘贴牢固。

(3) 铺贴卷材应平整、顺直，搭接尺寸准确，不得扭曲、皱折和起泡。

(4) 立面卷材铺贴完成后，应将卷材端头固定，并应用密封材料封严。

(5) 低温施工时，宜对卷材和基面采用热风适当加热，然后铺贴卷材。

6.3.2 质量要点

卷材防水层应采用高聚物改性沥青类防水卷材和合成高分子类防水卷材。所选用的基层处理剂、胶粘剂、密封材料等均应与铺贴的卷材相匹配。

6.3.3 质量验收

1. 主控项目

(1) 卷材防水层所用卷材及其配套材料必须符合设计要求。

(2) 卷材防水层在转角处、变形缝、施工缝、穿墙管等部位做法必须符合设计要求。

2. 一般项目

(1) 卷材防水层的搭接缝应粘贴或焊接牢固，密封严密，不得有扭曲、折皱、翘边和起泡等缺陷。

(2) 采用外防外贴法铺贴卷材防水层时，立面卷材接槎的搭接宽度：高聚物改性沥青类卷材应为150mm，合成高分子类卷材应为100mm，且上层卷材应盖过下层卷材。

6.3.4 安全与环保措施

1. 当配制和使用有毒材料时，现场必须采取通风措施，操作人员必须穿防护服、戴口罩、手套和防护眼镜，严禁毒性材料与皮肤直接接触和入口。

2. 有毒材料和挥发性材料应密封贮存，妥善保管和处理，不得随意倾倒。

3. 使用易燃材料时，应严禁烟火。

4. 使用有毒材料时，作业人员应按规定享受劳保福利和营养补助，并应定期检查身体。

6.4 涂料防水层

6.4.1 施工要点

1. 涂料防水层的施工应符合下列规定：

（1）多组分涂料应按配合比准确计量，搅拌均匀，并应根据有效时间确定每次配制的用量。

（2）涂料应分层涂刷或喷涂，涂层应均匀，涂刷应待前遍涂层干燥成膜后进行。每遍涂刷时应交替改变涂层的涂刷方向，同层涂膜的先后搭压宽度宜为30～50mm。

（3）涂料防水层的甩槎处接槎宽度不应小于100mm，接涂前应将其甩槎表面处理干净。

（4）采用有机防水涂料时，基层阴阳角处应做成圆弧形；在转角处、变形缝、施工缝、穿墙管等部位应增加胎体增强材料和增涂防水涂料，宽度不应小于500mm；

（5）胎体增强材料的搭接宽度不应小于100mm。上下两层和相邻两幅胎体的接缝应错开1/3幅宽，且上下两层胎体不得相互垂直铺贴。

2. 涂料防水层完工并经验收合格后应及时做保护层。

6.4.2 质量要点

卷材防水层应采用高聚物改性沥青类防水卷材和合成高分子类防水卷材。所选用的基层处理剂、胶粘剂、密封材料等均应与铺贴的卷材相匹配。

6.4.3 质量验收

1. 主控项目

(1) 涂料防水层所用的材料及配合比必须符合设计要求。

(2) 涂料防水层的平均厚度应符合设计要求，最小厚度不得小于设计厚度的90%。

(3) 涂料防水层在转角处、变形缝、施工缝、穿墙管等部位做法必须符合设计要求。

2. 一般项目

(1) 涂料防水层应与基层粘结牢固，涂刷均匀，不得流淌、鼓泡、露槎。

(2) 涂层间夹铺胎体增强材料时，应使防水涂料浸透胎体覆盖完全，不得有胎体外露现象。

(3) 侧墙涂料防水层的保护层与防水层应结合紧密，保护层厚度应符合设计要求。

6.4.4 安全与环保措施

同6.3卷材防水层的6.3.4的要求。

6.5 细部构造

6.5.1 施工要点

1. 中埋式止水带先施工一侧混凝土时，其端模应支撑牢固，并应严防漏浆。

2. 中埋式止水带在转弯处应做成圆弧形，（钢边）橡胶止水带的转角半径不应小于200mm，转角半径应随止水带的宽度增大而相应加大。

3. 变形缝与施工缝均用外贴式止水带（中埋式）时，其相交部位宜采用十字配件。变形缝用外贴式止水带的转角部位宜采用直角配件。

4. 后浇带混凝土施工前，后浇带部位和外贴式止水带应防止落入杂物和损伤外贴止水带。

5. 后浇带两侧的接缝浇筑混凝土前，应将其表面清理干净，再涂刷混凝土界面处理剂或水泥基渗透结晶型防水涂料，并应及时浇筑混凝土。

6.5.2 质量要点

1. 中埋式止水带埋设位置应准确，其中间空心圆环与变形缝的中心线应重合。

2. 中埋式止水带的接缝宜为1处，应设在边墙较高位置上，不得设在结构转角处，接头宜采用热压焊接。

3. 后浇带混凝土应一次浇筑，不得留设施工缝；混凝土浇筑后应及时养护，养护时间不得少于28d。

4. 桩头混凝土应密实，如发现渗漏水，应及时采取封堵措施。

检验方法：观察检查和检查隐蔽工程验收记录。

6.5.3 质量验收

1. 主控项目

（1）施工缝用止水带、遇水膨胀止水条或止水胶、水泥基渗透结晶型防水涂料和预埋注浆管必须符合设计要求。

（2）施工缝防水构造必须符合设计要求。

（3）变形缝用止水带、填缝材料和密封材料必须符合设计要求。

（4）补偿收缩混凝土的原材料及配合比必须符合设计要求。

检验方法：检查产品合格证、产品性能检测报告、计量措施和材料进场检验报告。

（5）后浇带防水构造必须符合设计要求。

（6）采用掺膨胀剂的补偿收缩混凝土，其抗压强度、抗渗性能和限制膨胀率必须符合设计要求。

（7）穿墙管用遇水膨胀止水条和密封材料必须符合设计要求。

（8）穿墙管防水构造必须符合设计要求。

（9）桩头用聚合物水泥防水砂浆、水泥基渗透结晶型防水涂料、遇水膨胀止水条或止水胶和密封材料必须符合设计要求。

（10）孔口用防水卷材、防水涂料和密封材料必须符合设计要求。

（11）孔口防水构造必须符合设计要求。

2. 一般项目

（1）墙体水平施工缝应留设在高出底板表面不小于300mm的墙体上。拱、板与墙结合的水平施工缝，宜留在拱、板与墙交接处以下150～300mm处；垂直施工缝应避开地下水和裂隙水较多的地段，并宜与变形缝相结合。

（2）水平施工缝浇筑混凝土前，应将其表面浮浆和杂物清除，然后铺设净浆、涂刷混凝土界面处理剂或水泥基渗透结晶型防水涂料，再铺30～50mm厚的1：1水泥砂浆，并及时浇筑混凝土。

（3）中埋式止水带及外贴式止水带埋设位置应准确，固定应牢靠。

（4）遇水膨胀止水条应具有缓膨胀性能；止水条与施工缝基面应密贴，中间不得有空鼓、脱离等现象；止水条应牢固地安装在缝表面或预留凹槽内;止水条采用搭接连接时,搭接宽度不得小于30mm。

(5) 中埋式止水带的接缝应设在边墙较高位置上,不得设在结构转角处;接头宜采用热压焊接,接缝应平整、牢固,不得有裂口和脱胶现象。

(6) 中埋式止水带在转弯处应做成圆弧形;顶板、底板内止水带应安装成盆状,并宜采用专用钢筋套或扁钢固定。

(7) 嵌填密封材料的缝内两侧基面应平整、洁净、干燥,并应涂刷基层处理剂;嵌缝底部应设置背衬材料;密封材料嵌填应严密、连续、饱满,粘结牢固。

(8) 变形缝处表面粘贴卷材或涂刷涂料前,应在缝上设置隔离层和加强层。

(9) 后浇带混凝土应一次浇筑,不得留设施工缝;混凝土浇筑后应及时养护,养护时间不得少于28d。

(10) 固定式穿墙管应加焊止水环或环绕遇水膨胀止水圈,并做好防腐处理;穿墙管应在主体结构迎水面预留凹槽,槽内应用密封材料嵌填密实。

(11) 桩头顶面和侧面裸露处应涂刷水泥基渗透结晶型防水涂料,并延伸到结构底板垫层150mm处;桩头四周300mm范围,内应抹聚合物水泥防水砂浆过渡层。

(12) 结构底板防水层应做在聚合物水泥防水砂浆过渡层上并延伸至桩头侧壁,其与桩头侧壁接缝处应采用密封材料嵌填。

(13) 人员出入口高出地面不应小于500mm;汽车出入口设置明沟排水时,其高出地面宜为150mm,并应采取防雨措施。

(14) 窗井内的底板应低于窗下缘300mm。窗井墙高出室外地面不得小于500mm；窗井外地面应做散水，散水与墙面间应采用密封材料嵌填。

6.5.4 安全与环保措施

1. 混凝土及砂浆搅拌机械应符合现行行业标准《建筑机械使用安全技术规程》(JGJ 33)及《施工现场临时用电安全技术规范》(JGJ 46)的有关规定，施工中应定期对其进行检查、维修，保证机械使用安全。施工现场宜充分利用太阳能。

2. 施工现场生产、生活用水应使用节水型生活用水器具，在水源处应设置明显的节约用水标志。施工现场应充分利用雨水资源，设置沉淀池、废水回收设施。

3. 对施工现场场界噪声进行检测和记录，噪声排放不得超过国家标准。施工场地的强噪声设备宜设置在远离居民区的一侧，可采取对强噪声设备进行封闭等降低噪声措施。

4. 施工现场大门口应设置冲洗车辆设备，出场时必须将车辆清理干净，不得将泥沙带出现场。对施工现场及运输的易飞扬、细颗粒散体材料进行密闭、存放。

5. 当配制和使用有毒材料时，现场必须采取通风措施，操作人员必须穿防护服，戴口罩、手套和防护眼镜，严禁毒性材料与皮肤直接接触和入口。

6. 有毒材料和挥发性材料应密封贮存，妥善保管和处理，不得随意倾倒。

7. 使用易燃材料时，应严禁烟火。

8. 使用有毒材料时，作业人员应按规定享受劳保福利和营养补助，并应定期检查身体。

7 建筑地面工程

7.1 基层铺设

7.1.1 施工要点

1. 填土应分层摊铺、分层压（夯）实、分层检验其密实度。

2. 垫层铺设前，其下一层表面应湿润。

3. 垫层下为基土时应将表面清理干净，清除虚土、杂物并拍底夯实；垫层下为混凝土结构层时应将粘结在混凝土基层上的浮浆、松动混凝土等用錾子剔除，用钢丝刷去除水泥浆皮，然后用扫帚扫净。

4. 根据标高控制线，量测出垫层标高，在四周墙、柱上弹出标高控制线。

5. 铺设混凝土前在基层上洒水湿润，刷一道聚合物水泥浆（水灰比为 0.4～0.5），随刷随铺混凝土。铺设应从一端开始，由内向外退着操作，或由短边开始沿长边方向进行铺设。

6. 大面积的水泥混凝土垫层，应设置纵向缩缝和横向缩缝，纵向缩缝间距不得大于 6m，横向缩缝不得大于 12m；大面积水泥混凝土垫层应分区段浇筑。

7.1.2 质量要点

1. 地面应铺设在均匀密实的基土上。土层结构被扰动的基土应进行换填，并予以压实。压实系数应符合设计要求。

2. 对软弱土层应按设计要求进行处理。

3. 碎石垫层和碎砖垫层厚度不应小于 100mm。

4. 垫层应分层压（夯）实，达到表面坚实、平整。

5. 水泥混凝土垫层的厚度不应小于 60mm；陶粒混凝土垫层的厚度不应小于 80mm。

6. 管线密集或垫层厚度较薄时，应铺设钢板网（钢丝网）防止在管道部位产生裂缝。

7. 当室内首层地面垫层遇暖沟时，应在与暖沟交接处的混凝土垫层内沿暖沟纵向布置 $\phi 6$ 的钢筋网（网宽不小于 600mm），以防产生裂缝。

8. 室内地面的水泥混凝土垫层和陶粒混凝土垫层，应设置纵向缩缝和横向缩缝，纵向缩缝、横向缩缝的间距均不得大于 6m。

9. 工业厂房、礼堂、门厅等大面积水泥混凝土、陶粒混凝土垫层应分区段浇筑。分区段应结合变形缝位置、不同类型的建筑地面连接处和设备基础的位置进行划分，并应与设置的纵向、横向缩缝的间距相一致。

10. 找平层宜采用水泥砂浆或水泥混凝土铺设。当找平层厚度小于 30mm 时，宜用水泥砂浆做找平层；当找平层厚度不小于 30mm 时，宜用细石混凝土做找平层。

11. 有防水要求的建筑地面工程，铺设前必须对立管、套管和地漏与楼板节点之间进行密封处理，并应进行隐蔽验收；排水坡度应符合设计要求。

12. 在预制钢筋混凝土板上铺设找平层前，板缝填嵌的施工应符合下列要求：

（1）预制钢筋混凝土板相邻缝底宽不应小于20mm。

（2）填嵌时，板缝内应清理干净，保持湿润。

（3）填缝应采用细石混凝土，其强度等级不应小于C20。填缝高度应低于板面10～20mm，且振捣密实；填缝后应养护。当填缝混凝土的强度等级达到C15后方可继续施工。

（4）当板缝底宽大于40mm时，应按设计要求配置钢筋。

13. 在水泥类找平层上铺设卷材类防水、涂料类防水、防油渗隔离层时，其表面应坚固、洁净、干燥。铺设前应涂刷基层处理剂。基层处理剂应采用与卷材性能相容的配套材料或采用与涂料性能相容的同类涂料的底子油。

7.1.3 质量验收

1. 主控项目

（1）基土不应用淤泥、腐殖土、冻土、耕植土、膨胀土和建筑杂物作为填土，填土土块的粒径不应大于50mm。

（2）厕浴间和有防水要求的建筑地面必须设置防水隔离层。楼层结构必须采用现浇混凝土或整块预制混凝土板，混凝土强度等级不应小于C20；房间的楼板四周除门洞外应做混凝土翻边，高度不应小于200mm，宽同墙厚，混凝土强度等级不应小于C20。施工时结构层标高和预留孔洞位置应准确，严禁乱凿洞。

（3）防水隔离层严禁渗漏，排水的坡向应正确、排水通畅。

2. 一般项目

（1）找平层与其下一层结合牢固，不得有空鼓。

（2）找平层表面应密实，不得有起砂、蜂窝和裂缝等缺陷。

7.1.4 安全与环保措施

1. 混凝土及砂浆搅拌机械应符合现行行业标准《建筑机械使用安全技术规程》(JGJ 33)及《施工现场临时用电安全技术规范》(JGJ 46)的有关规定,施工中应定期对其进行检查、维修,保证机械使用安全。施工现场宜充分利用太阳能。

2. 合理安排工序,提高各种机械的使用率和满载率。对工程浇筑剩余的预拌混凝土要进行妥善再利用,严禁随意丢弃。

3. 对施工现场场界噪声进行检测和记录,噪声排放不得超过国家标准。施工场地的强噪声设备宜设置在远离居民区的一侧,可采取对强噪声设备进行封闭等降低噪声措施。

4. 施工现场大门口应设置冲洗车辆设备,出场时必须将车辆清理干净,不得将泥沙带出现场。对施工现场及运输的易飞扬、细颗粒散体材料进行密闭、存放。

7.2 整体面层铺设

7.2.1 施工要点

1. 根据标高控制线,测出面层标高,并弹在四周墙或柱上。

2. 铺设整体面层时,水泥类基层的抗压强度不得小于1.2MPa;表面应粗糙、洁净、湿润并不得有积水。铺设前宜凿毛或涂刷界面剂。硬化耐磨面层、自流平面层的基层处理应符合设计及产品的要求。

3. 铺设整体面层时,地面变形缝的位置应符合《建筑地面工程施工质量验收规范》(GB 50209—2010) 第 3.016 条的规定,大面积水泥类面层应设置分格缝。

4. 整体面层施工后,养护时间不应少于 7d;抗压强度应达到 5MPa 后方准上人行走,抗压强度应达到设计要求后,方可正常使用。

5. 当采用掺有水泥拌合料做踢脚线时,不得用石灰混合砂浆打底。

6. 水泥类整体面层的抹平工作应在水泥初凝前完成,压光工作应在水泥终凝前完成。

7. 水泥混凝土面层铺设不得留施工缝。当施工间隙超过允许时间规定时,应对接槎处进行处理。

7.2.2 质量要点

1. 整体面层的允许偏差和检验方法应符合表 7-1 的规定。

表 7-1 整体面层的允许偏差和检验方法

项次	项目	允许偏差/mm								检验方法
		水泥混凝土面层	水泥砂浆面层	普通水磨石面层	高级水磨石面层	硬化耐磨面层	防油渗混凝土和不发火(防爆)面层	自流平面层	涂料面层	塑胶面层	
1	表面平整度	5	4	3	2	4	5	2	2	2	用 2m 靠尺和楔形塞尺检查
2	踢脚线上口平直	4	4	3	3	4	4	3	3	3	拉 5m 线和用钢尺检查
3	缝格顺直	3	3	3	2	3	3	2	2	2	

2. 水泥混凝土面层厚度应符合设计要求。

3. 基层清理要认真、彻底；铺设底层涂料时厚薄均匀；避免上下结合不牢，造成面层空鼓、裂缝。

7.2.3 质量验收

1. 主控项目

（1）水泥混凝土采用的粗骨料，最大粒径不应大于面层厚度的 2/3，细石混凝土面层采用的石子粒径不应大于16mm。

（2）面层与下一层应结合牢固，且应无空鼓和开裂。当出现空鼓时，空鼓面积不应大于 $400cm^2$，且每自然间或标准间不应多于 2 处。

（3）水泥砂浆的体积比（强度等级）应符合设计要求，且体积比应为 1：2，强度等级不应小于 M15。

（4）有排水要求的水泥砂浆地面，坡向应正确、排水通畅；防水水泥砂浆面层不应渗漏。

（5）面层与下一层应结合牢固，且应无空鼓和开裂。当出现空鼓时，空鼓面积不应大于 $400cm^2$，且每自然间或标准间不应多于 2 处。

（6）自流平面层的铺涂材料应符合设计要求和国家现行有关标准的规定。

（7）自流平面层的涂料进入施工现场时，应有以下有害物质限量合格的检测报告：

1）水性涂料中的挥发性有机化合物（VOC）和游离甲醛。

2）溶剂型涂料中的苯、甲苯十二甲苯、挥发性有机化合物（VOC）和游离甲苯二异氰酸酯（TDI）。

（8）自流平面层的各构造层之间应粘结牢固，层与层之间不应出现分离、空鼓现象。

（9）自流平面层的表面不应有开裂、漏涂和倒泛水、积水等现象。

（10）涂料进入施工现场时，应有苯、甲苯十二甲苯、挥发性有机化合物（VOC）和游离甲苯二异氰酸酯（TDI）限量合格的检测报告。

（11）涂料面层的表面不应有开裂、空鼓、漏涂和倒泛水、积水等现象。

（12）塑胶面层采用的材料应符合设计要求和国家现行有关标准的规定。

（13）现浇型塑胶面层的配合比应符合设计要求，成品试件应检测合格。

（14）现浇型塑胶面层与基层应粘结牢固，面层厚度应一致，表面颗粒应均匀，不应有裂痕、分层、气泡、脱（秃）粒等现象；塑胶卷材面层的卷材与基层应粘结牢固，面层不应有断裂、起泡、起鼓、空鼓、脱胶、翘边、溢液等现象。

2. 一般项目

（1）自流平面层应分层施工，面层找平施工时不应留有抹痕。

（2）自流平面层表面应光洁，色泽应均匀、一致，不应有起泡、泛砂等现象。

（3）涂料找平层应平整，不应有刮痕。

（4）涂料面层应光洁，色泽应均匀、一致，不应有起泡、起皮、泛砂等现象。

（5）塑胶面层的各组合层厚度、坡度、表面平整度应符合设计要求。

（6）塑胶面层应表面洁净，图案清晰，色泽一致；拼缝处的图案、花纹应吻合，无明显高低差及缝隙，无胶痕；与周边接缝应严密，阴阳角应方正、收边整齐。

7.2.4 安全与环保措施

1. 混凝土及砂浆搅拌机械应符合现行行业标准《建筑机械使用安全技术规程》（JGJ 33）及《施工现场临时用电安全技术规范》（JGJ 46）的有关规定，施工中应定期对其进行检查、维修，保证机械使用安全。施工现场宜充分利用太阳能。

2. 施工现场生产、生活用水应使用节水型生活用水器具，在水源处应设置明显的节约用水标志。施工现场应充分利用雨水资源，设置沉淀池、废水回收设施。

3. 对施工现场场界噪声进行检测和记录，噪声排放不得超过国家标准。施工场地的强噪声设备宜设置在远离居民区的一侧，可采取对强噪声设备进行封闭等降低噪声措施。

4. 施工现场大门口应设置冲洗车辆设备，出场时必须将车辆清理干净，不得将泥沙带出现场。对施工现场及运输的易飞扬、细颗粒散体材料进行密闭、存放。

7.3 板块面层铺设

7.3.1 施工要点

1. 先把基层上的浮浆、落地灰、杂物等用錾子剔除掉，再用钢丝刷、扫帚将浮土清理干净。

2. 当找平层强度达到 1.2MPa 时，根据控制线和地砖面层设计标高，在四周墙面和柱面上弹出面层上皮标高控制线；在基层地面弹出十字控制线和分格线。

3. 根据施工大样图进行试铺，试铺无误后进行正式铺贴，密缝铺贴时，缝宽不大于1mm。

4. 铺砖采用干硬性砂浆，其配合比一般为1：（2.5～3.0）（水泥：砂）；将砖放置在干硬性水泥砂浆上，用橡皮锤将砖敲平后揭起，在干硬性水泥砂浆上浇适量素水泥浆，同时在砖背面挂专用粘结膏，再将砖重新铺放在干硬性水泥砂浆上，用橡皮锤按标高控制线敲压平整，然后向四周铺设。

5. 在卫生间等有用水要求的地砖地面，地漏宜位于整砖中间，并将地砖切割成形状相同的4块，做出泛水。

7.3.2 质量要点

1. 基层要确保清理干净，洒水湿润到位，保证与面层的粘结力；刷浆要到位，并做到随刷随抹灰；铺贴后及时遮盖、养护，避免因水泥砂浆与基层结合不好而造成面层空鼓。

2. 踢脚板面砖粘贴前应检查墙面的平整度，并应弹出水平控制线，铺贴时拉通线，以保证踢脚板面砖上口平直、出墙厚度一致。

3. 勾缝所用的材料颜色应与地砖颜色一致，防止色泽不均，影响美观。

7.3.3 质量验收

1. 主控项目

（1）砖面层所用板块产品应符合设计要求和国家现行有关标准的规定。

（2）砖面层所用板块产品进入施工现场时，应有放射性限量合格的检测报告。

（3）大理石、花岗石面层所用板块产品应符合设计要求和国家现行有关标准的规定。

（4）大理石、花岗石面层所用板块产品进入施工现场时，应有放射性限量合格的检测报告。

（5）面层与下一层的结合（粘结）应牢固，无空鼓。

2．一般项目

（1）大理石、花岗石面层铺设前，板块的背面和侧面应进行防碱处理。

（2）大理石、花岗石面层的表面应洁净、平整、无磨痕，且应图案清晰，色泽一致，接缝均匀，周边顺直，镶嵌正确，板块应无裂纹、掉角、缺棱等缺陷。

（3）面层表面的坡度应符合设计要求，不倒泛水、无积水；与地漏、管道结合处应严密牢固，无渗漏。

7.3.4 安全与环保措施

1．施工机械应符合现行行业标准《建筑机械使用安全技术规程》(JGJ 33) 及《施工现场临时用电安全技术规范》(JGJ 46) 的有关规定，施工中应定期对其进行检查、维修，保证机械使用安全。施工机械设备应建立按时保养、保修、检验制度，应选用高效节能电动机，选用噪声标准较低的施工机械、设备，对机械、设备采取必要的消声、隔振和减振措施。施工现场宜充分利用太阳能。

2．施工现场进行剔凿，砖、石材切割作业时，作业面局部应遮挡、掩盖或采取水淋等降尘措施。施工现场生产、生活用水应使用节水型生活用水器具，在水源处应设置明显的节约用水标志。施工现场应充分利用雨水资源，设置沉淀池、废水回收设施。

3．对施工现场场界噪声进行检测和记录，噪声排放不得超过国家标准。施工场地的强噪声设备宜设置在远离居民区的一侧，可采取对强噪声设备进行封闭等降低噪声措施。

4.施工现场应建立封闭式垃圾站，并对建筑垃圾按不可再利用垃圾与可再利用垃圾进行分别存放，对可循环利用的建筑垃圾进行再分类，建立相应的项目部台账。

7.4 地毯面层施工

7.4.1 施工要点

1.铺设地毯的地面面层（或基层）应坚实、平整、洁净、干燥，无凹坑、麻面、起砂、裂缝，并不得有油污、钉头及其他凸出物。

2.先把基层上的浮浆、落地灰、杂物等用錾子剔除掉，再用钢丝刷、扫帚将浮土清理干净；基层表面平整偏差不大于±3mm，表面若有油污，应用丙酮或松节油擦净。

3.根据定位尺寸剪裁地毯，其长度应比房间实际尺寸大20mm或根据图案、花纹大小让出一个完整的图案；剪裁时楼梯地毯长度应留有一定余量，一般为500mm左右，以便使用中更换挪动磨损的部位。

4.沿房间四周踢脚边缘，将倒刺板条用钢钉牢固地钉在地面基层上，钢钉间距以400mm左右为宜，倒刺板条应距踢脚板表面8～10mm。

5.将衬垫采用点粘法或用双面胶带纸粘在地面基层上，边缘离开倒刺板10mm左右。

7.4.2 质量要点

1.地毯衬垫应满铺平整，地毯拼缝处不得露底衬。

2.空铺地毯面层应符合下列要求：

（1）块材地毯宜先拼成整块，然后按设计要求铺设。

（2）块材地毯的铺设，块与块之间应挤紧服帖。

（3）卷材地毯宜先长向缝合，然后按设计要求铺设。

（4）地毯面层的周边应压入踢脚线下。

（5）地毯面层与不同类型的建筑地面面层的连接处，其收口做法应符合设计要求。

3. 实铺地毯面层应符合下列要求：

（1）实铺地毯面层采用的金属卡条（倒刺板）、金属压条、专用双面胶带、胶粘剂等应符合设计要求。

（2）铺设时，地毯的表面层宜张拉适度，四周应采用卡条固定；门口处宜用金属压条或双面胶带等固定。

（3）地毯周边应塞入卡条和踢脚线下。

（4）地毯面层采用胶粘剂或双面胶带粘结时，应与基层粘贴牢固。

7.4.3 质量验收

1. 主控项目

（1）地毯的品种、规格、颜色、花色、胶料和辅料及其材质必须符合设计要求和国家现行地毯产品标准的规定。

（2）地毯面层采用的材料进入施工现场时，应有地毯、衬垫、胶粘剂中的挥发性有机化合物（VOC）和甲醛限量合格的检测报告。

（3）地毯表面应平服、拼缝处粘结牢固、严密平整、图案吻合。

2. 一般项目

（1）地毯表面不应起鼓、起皱、翘边、卷边、显拼缝、露线和毛边，绒面毛应顺光一致，毯面应洁净、无污染和损伤。

（2）地毯同其他面层连接处、收口处和墙边、柱子周围应顺直、压紧。

7.4.4 安全与环保措施

1. 施工机械应符合现行行业标准《建筑机械使用安全技术规程》（JGJ 33）及《施工现场临时用电安全技术规范》（JGJ 46）的有关规定，施工中应定期对其进行检查、维修，保证机械使用安全。

2. 施工机械设备应建立按时保养、保修、检验制度，应选用高效节能电动机，选用噪声标准较低的施工机械、设备，对机械、设备采取必要的消声、隔振和减振措施。施工现场宜充分利用太阳能。

3. 施工人员连续作业的时间不宜过长，应间断地离开现场呼吸新鲜空气。高温期间作业应调整作息时间，加强施工现场的通风和降温措施。

4. 施工现场应建立封闭式垃圾站，并对建筑垃圾按不可再利用垃圾与可再利用垃圾进行分别存放，对可循环利用的建筑垃圾进行再分类，建立相应的项目部台账。

7.5 木、竹面层铺设

7.5.1 施工要点

1. 先把基层上的浮浆、落地灰、杂物等用錾子剔除掉，再用钢丝刷、扫帚将浮土清理干净。

2. 铺设实木地板、实木集成地板、竹地板面层时，其木搁栅的截面尺寸、间距和稳固方法等均应符合设计要求。木搁栅固定时，不得损坏基层和预埋管线。木搁栅应垫实钉牢，与柱、墙之间留出 20mm 的缝隙，表面应平直，其间距不宜大于 300mm。

7.5.2 质量要点

1. 铺设毛地板前应检查木搁栅安装是否牢固，不牢固处应有时加固，防止行走时有响声。

2. 实木地板面层所用材料木材的含水率在 12% 以下，木搁栅、垫木和毛地板等必须做防腐、防蛀处理。

3. 按规定留好木搁栅、毛地板、木地板面层与墙之间的间隙，并预留木地板的通风排气孔，防止木地板受潮变形。

4. 木踢脚板安装前，先检查墙面垂直度和平整度及木砖间距，有偏差时应及时修整，防止踢脚板与墙面接触不严和翘曲、变形。

7.5.3 质量验收

1. 主控项目

（1）实木地板、实木集成地板、竹地板面层采用的材料进入施工现场时，应有以下有害物质限量合格的检测报告：

1）地板中的游离甲醛（释放量或含量）。

2）溶剂型胶粘剂中的挥发性有机化合物（VOC）、苯、甲苯十二甲苯。

3）水性胶粘剂中的挥发性有机化合物（VOC）和游离甲醛。

（2）木搁栅、垫木和垫层地板等应做防腐、防蛀处理。

（3）木搁栅安装应牢固、平直。

（4）面层铺设应牢固；粘结应无空鼓、松动。

2. 一般项目

实木地板、实木集成地板面层应刨平、磨光，无明显刨痕和毛刺等现象；图案应清晰、颜色应均匀一致。

7.5.4 安全与环保措施

1. 施工机械应符合现行行业标准《建筑机械使用安全技术规程》(JGJ 33)及《施工现场临时用电安全技术规范》(JGJ 46)的有关规定，施工中应定期对其进行检查、维修，保证机械使用安全。施工机械设备应建立按时保养、保修、检验制度，应选用高效节能电动机，选用噪声标准较低的施工机械、设备，对机械、设备采取必要的消声、隔振和减振措施。施工现场宜充分利用太阳能。

2. 施工现场进行剔凿、切割作业时，作业面局部应遮挡、掩盖，操作人员宜戴上口罩、耳塞，防止吸入粉尘和切割噪声，危害人身健康。

3. 对施工现场场界噪声进行检测和记录，噪声排放不得超过国家标准。施工场地的强噪声设备宜设置在远离居民区的一侧，可采取对强噪声设备进行封闭等降低噪声措施。

4. 施工现场应建立封闭式垃圾站，并对建筑垃圾按不可再利用垃圾与可再利用垃圾进行分别存放，对可循环利用的建筑垃圾进行再分类，建立相应的项目部台账。

7.6 实木复合地板面层施工

7.6.1 施工要点

实木复合地板面层铺设时，相邻板材接头位置应错开不小于300mm的距离；与柱、墙之间应留不小于10mm的空隙。当面层采用无龙骨的空铺法铺设时，应在面层与柱、墙之间的空隙内加设金属弹簧卡或木楔子，其间距宜为

200～300mm。

7.6.2 质量要点

1. 铺设毛地板前应检查木搁栅安装是否牢固，不牢固处应及时加固，防止行走时有响声。

2. 实木复合地板面层所用材料木材的含水率必须符合设计要求，木搁栅、垫木和毛地板等必须做防腐、防蛀处理。

3. 按规定留好木搁栅、毛地板、木地板面层与墙之间的间隙，并预留木地板的通风排气孔，防止木地板受潮变形。

4. 木踢脚板安装前，先检查墙面垂直度和平整度及木砖间距，有偏差时应及时修整，防止踢脚板与墙面接触不严和翘曲、变形。

7.6.3 质量验收

1. 主控项目

（1）实木复合地板面层所采用的条材和块材，其技术等级及质量要求应符合设计要求。木搁栅、垫木和毛地板等必须做防腐、防蛀处理。

（2）木搁栅安装应牢固、平直。

（3）面层铺设应牢固；粘贴无空鼓。

2. 一般项目

（1）实木复合地板面层图案和颜色应符合设计要求，图案清晰，颜色一致，板面无翘曲。

（2）面层的接头应错开、缝隙严密，表面洁净。

（3）踢脚线表面应光滑，接缝严密，高度一致。

（4）实木复合地板面层的允许偏差和检验方法应符合表7-2的规定。

表 7-2　实木复合地板面层的允许偏差和检验方法

项次	项目	允许偏差/mm	检验方法
1	板面缝隙宽度	0.5	用钢尺检查
2	表面平整度	2.0	用2m靠尺和楔形塞尺检查
3	踢脚线上口平齐	3.0	拉5m通线,不足5m
4	板面拼缝平直	3.0	拉通线,用钢尺检查
5	相邻板材高差	0.5	用钢尺和楔形塞尺检查
6	踢脚线与面层的接缝	1.0	用楔形塞尺检查

7.6.4　安全与环保措施

1. 施工机械应符合现行行业标准《建筑机械使用安全技术规程》(JGJ 33)及《施工现场临时用电安全技术规范》(JGJ 46)的有关规定,施工中应定期对其进行检查、维修,保证机械使用安全。施工机械设备应建立按时保养、保修、检验制度,应选用高效节能电动机,选用噪声标准较低的施工机械、设备,对机械、设备采取必要的消声、隔振和减振措施。施工现场宜充分利用太阳能。

2. 施工现场进行剔凿、切割作业时,作业面局部应遮挡、掩盖,操作人员宜戴上口罩、耳塞,防止吸入粉尘和切割噪声,危害人身健康。

3. 对施工现场场界噪声进行检测和记录,噪声排放不得超过国家标准。施工场地的强噪声设备宜设置在远离居民区的一侧,可采取对强噪声设备进行封闭等降低噪声措施。

4. 施工现场应建立封闭式垃圾站,并对建筑垃圾按不可再利用垃圾与可再利用垃圾进行分别存放,对可循环利用的建筑垃圾进行再分类,建立相应的项目部台账。

8 建筑装饰装修工程

8.1 抹灰工程

8.1.1 施工要点

1. 基层清理

(1) 砖砌体：应清除表面杂物、残留灰浆、舌头灰、尘土等。

(2) 混凝土基体：先采用脱污剂将墙面的油污脱除干净，晾干后表面凿毛或在表面洒水湿润后涂刷 1:1 水泥砂浆（加适量的粘结剂或混凝土界面剂）。

(3) 加气混凝土基体：在抹灰前对松动及灰浆不饱满的拼缝或梁板下的顶头缝用砂浆密实。将墙面凸出部分或舌头灰剔除平整，并将缺棱掉角坑凹不平和设备管线槽、洞等同时用砂浆整修密实、平顺，用托线板检查墙面垂直偏差及平整度，根据要求将墙面抹灰基层处理到位，然后再喷水湿润后边涂刷界面剂，边抹强度等级不大于 M5 的水泥砂浆或水泥混合砂浆。

(4) 堵门窗口缝及脚手眼、孔洞等堵缝工作要作为一道工序安排专人负责，门窗框安装位置准确牢固，用 1:3 水泥砂浆将缝隙塞严。堵脚手眼和废弃的孔洞时，应将洞内杂物、灰尘等物清理干净，浇水湿润，然后用砖将其补齐砌严。

2. 一般在抹灰前一天，用软管或胶皮管、喷壶顺墙自上而下湿润，每天宜浇 2 次。

3. 根据设计图纸要求的抹灰质量，根据基层表面平整垂直情况，用一面墙作基准，吊垂直、套方、找规矩，确定抹灰厚度，抹灰厚度不应小于 7mm。

4. 当灰饼砂浆达到七八成干时，即可用与抹灰层相同砂浆充筋，充筋根数应根据抹灰面的宽度和高度确定，一般标筋宽度为 5cm，两筋间距不大于 1.5m，当墙面高度小于 3.5m 时宜做立筋，大于 3.5m 时宜做横筋，做横向充筋时灰饼的间距不宜大于 2m。

5. 一般情况下冲筋完成 2h 左右可开始抹底灰为宜，抹前应先抹一层薄灰，要求浆基体抹严，抹时用力压实使砂浆挤入细小缝隙内，接着分层装档与充筋抹平，用木杠刮找平整，用木抹子搓毛。

6. 当底灰抹平后，要随即有专人把预留孔洞、配电箱、槽、盒周边 5cm 宽的石灰砂浆刮掉，并清除干净，用大毛刷蘸水沿周边湿润，然后用 1∶1∶4 水泥混合砂浆，把洞口、箱、槽盒周边压抹平整、光滑。

7. 在底灰六七成干时开始抹罩面灰（抹时如底灰过干，应浇水湿润），罩面灰两遍成活，厚度约 2mm，操作时宜两人同时配合进行，一人先刮一遍薄灰，另一人随即抹灰。依先上后下的顺序进行，然后压实压光，压时要掌握火候，既不要出现水纹，也不可压活，压好后随即用毛刷蘸水将罩面灰污染处清理干净。

8. 水泥砂浆抹灰常温 24h 应喷水养护，冬期施工要有保温措施。

9. 清水砌体勾缝前，必须将墙面缝隙内和表面的砂浆清理干净，注意不要损坏砖的表面；对砌体进行浇水湿润，冲去表面的浮土,以保证勾缝砂浆与砌体粘结牢固。

10. 清水砌体勾缝砂浆配制应符合设计及相关要求,并且不宜拌制太稀。勾缝顺序应由上而下,先勾水平缝,然后勾立缝;每一操作段勾缝完成后,用扫帚顺缝清扫,先扫平缝,后扫立缝,并不断抖弹扫帚上的砂浆,减少墙面污染。

11. 清水砌体勾缝工作全部完成后,应将墙面全面清扫,对施工中污染的墙面的残留灰痕用力扫净,如难以扫掉时用毛刷蘸水轻刷,然后仔细将灰痕擦洗掉,使墙面干净整洁。

8.1.2 质量要点

1. 抹灰工程应对水泥的凝结时间和安定性进行复验。
2. 抹灰工程应对下列隐蔽工程项目进行验收:
(1) 抹灰总厚度大于或等于35mm时的加强措施。
(2) 不同材料基体交接处的加强措施。
3. 当要求抹灰层具有防水防潮功能时,应采用防水砂浆。
4. 外墙和顶棚的抹灰层与基层之间及各抹灰层之间必须粘结牢固。
5. 抹灰前对基层必须处理干净,光滑表面应做毛化处理,浇水湿润。抹灰时应分层进行,每层抹灰不应过厚,并严格控制间隔时间,抹完后及时浇水养护,以防空鼓、开裂。
6. 安装窗框时,标高应统一、尺寸准确,框四周应留有抹灰量,以防抹灰吃口。
7. 抹灰时避免将接槎放在大面中间处,一般应留在分格缝或不明显处,防止产生接槎不平。
8. 若墙面不做涂饰,砂浆应用同品种、同批号的水泥,罩面压光应避免在同一处过多抹压,以防造成表面颜色深浅不一。
9. 淋制灰膏或炮制磨细生石灰粉时,熟化时间必须达到规定天数，防止因灰膏中存有未熟化的颗粒，造成抹灰层爆裂，出现开花、麻点。

10. 现浇混凝土顶板抹灰基层必须进行毛化处理，抹灰厚度不得过厚，防止粘结不牢开裂脱落。

11. 勾立缝时应与水平缝接好槎，做到十字缝平顺，扫缝时应将立缝清扫干净。

12. 每步架勾完缝后，应认真检查，尤其是门窗膀的侧面，发现漏勾时应及时补勾。

8.1.3 质量验收

1. 主控项目

（1）抹灰前基层表面的尘土、污垢、油渍等应清除干净，并洒水湿润。

（2）抹灰材料的品种和性能应符合设计要求。水泥凝结时间和安定性应合格，砂浆的配合比应符合设计要求。

（3）抹灰工程应分层进行，当抹灰总厚度大于或等于35mm时，应采取加强措施。不同材料基体交接处表面的抹灰，应采取防止开裂的加强措施。当采用加强网时，加强网与各基体的搭接宽度不应小于100mm。

（4）抹灰层与基层、各抹灰层之间必须粘结牢固，抹灰层无脱层、空鼓，面层应无爆灰和裂缝。

（5）清水砌体勾缝所用水泥的凝结时间和安定性复验应合格，砂浆的配合比应符合设计要求。

（6）清水砌体勾缝应无漏勾，勾缝材料应粘结牢固、无开裂。

2. 一般项目

（1）一般抹灰工程的表面质量应符合下列规定：

1）普通抹灰表面应光滑、洁净，接槎平整，分格缝应清晰。

2）高级抹灰表面应光滑，颜色均匀，无抹纹，线角及灰线平直方正，分格缝清晰美观。

检验要求：抹灰等级应符合设计要求。

检查方法：观察，手摸检查。

（2）护角、孔洞、槽、盒周围的抹灰应整齐、光滑，管道后面抹灰表面平整。

（3）抹灰总厚度应符合设计要求，水泥砂浆不得抹在石灰砂浆上，罩面石膏灰不得抹在水泥砂浆上。

（4）抹灰分格缝的设置应符合设计要求，宽度和深度应均匀，表面光滑，棱角应整齐。

（5）有排水要求的部位应做滴水线（槽）。滴水线（槽）应整齐顺直，滴水线应内高外低，滴水槽的宽度和深度均不应小于10mm。

（6）一般抹灰工程质量的允许偏差和检验方法应符合表8-1的规定。

表8-1　一般抹灰工程质量的允许偏差和检验方法

项次	项目	允许偏差/mm 普通	允许偏差/mm 高级	检验方法
1	立面垂直度	4	3	用2m垂直检测尺检查
2	表面平整度	4	3	用2m靠尺和塞尺检查
3	阴阳角方正	4	3	用直角检测尺检测
4	分格条（缝）直线度	4	3	拉5m线，不足5m拉通线，用钢直尺检查
5	墙裙、勒脚上口直线	4	3	拉5m线，不足5m拉通线，用钢直尺检查

（7）装饰抹灰工程的表面质量应符合下列规定：

1）水刷石表面应石粒清晰、分布均匀、紧密平整、色泽一致，应无掉粒和接槎痕迹。

2）斩假石表面剁纹应均匀顺直、深浅一致，应无漏剁处，阳角处应横剁并留出宽窄一致的不剁边条，棱角应无损坏。

3）干粘石表面应色泽一致、不露浆、不漏粘，石粒应粘结牢固、分布均匀，阳角处应无明显黑边。

4）假面砖表面应平整、沟纹清晰、留缝整齐、色泽一致，应无掉角、脱皮、起砂等缺陷。

（8）清水砌体勾缝应横平竖直，交接处应平顺，宽度和深度应均匀，表面应压实抹平。

检验方法：观察，尺量检查。

（9）灰缝应颜色一致，砌体表面应洁净。

8.1.4 安全与环保措施

1. 施工机械应符合现行行业标准《建筑机械使用安全技术规程》(JGJ 33)及《施工现场临时用电安全技术规范》(JGJ 46)的有关规定，施工中应定期对其进行检查、维修，保证机械使用安全。施工机械设备应建立按时保养、保修、检验制度，应选用高效节能电动机，选用噪声标准较低的施工机械、设备，对机械、设备采取必要的消声、隔振和减振措施。施工现场宜充分利用太阳能。

2. 施工人员应经安全技术交底和安全文明施工教育后才可进入工地施工操作，施工现场应加强安全管理，安排专职安全巡逻员，设置黄沙桶、灭火器等消防设备。施工现场应安排专人洒水、清扫。

3. 施工人员连续作业的时间不宜过长，应间断地离开现场呼吸新鲜空气，高温期间作业应调整作息时间，加强施工现场的通风和降温措施。

4. 现场清扫设专人洒水，不得有扬尘污染，打磨粉尘用湿布擦净，操作工人应佩戴相应的保护设施，如防毒面具、口罩、手套等，以免危害工人肺、皮肤等。施工材料与施工垃圾应及时封闭存放，废料应及时清出室内，施工时，室内应保持良好通风，但不宜过堂风。

8.2 门窗工程

8.2.1 施工要点

1. 建筑外门窗的安装必须牢固，在砌体上安装门窗严禁用射钉固定。

2. 木门窗的安装应符合下列规定：

（1）门窗框与砖石砌体、混凝土或抹灰层接触部位以及固定用木砖等均应进行防腐处理。

（2）门窗框安装前应校正方正，加钉必要拉条避免变形。安装门窗框时，每边固定点不得少于 2 处，其间距不得大于 1.2m。

（3）门窗框需镶贴脸时，门窗框应凸出墙面，凸出的厚度应等于抹灰层或装饰面层的厚度。

3. 木门窗五金配件的安装应符合下列规定：

（1）合页距门窗扇上下端宜取立挺高度的 1/10，并应避开上、下冒头。

（2）五金配件安装应用木螺钉固定。硬木应钻 2/3 深度的孔，孔径应略小于木螺钉直径。

（3）门锁不宜安装在冒头与立挺的结合处。

（4）窗拉手距地面宜为1.5～1.6m，门拉手距地面宜为0.9～1.05m。

4. 铝合金门窗的安装应符合下列规定：

（1）门窗装入洞口应横平竖直，严禁将门窗框直接埋入墙体。

（2）密封条安装时应留有比门窗的装配边长20～30mm的余量，转角处应斜面断开，并用胶粘剂粘贴牢固，避免收缩产生缝隙。

（3）门窗框与墙体间缝隙不得用水泥砂浆填塞，应采用弹性材料填嵌饱满，表面应用密封胶密封。

5. 塑料门窗的安装应符合下列规定：

（1）门窗安装五金配件时，应钻孔后用自攻螺钉拧入，不得直接锤击钉入。

（2）门窗框、副框和扇的安装必须牢固。固定片或膨胀螺栓的数量与位置应正确，连接方式应符合设计要求，固定点应距窗角、中横框、中竖框150～100mm，固定点间距应小于或等于600mm。

（3）安装组合窗时应将两窗框与拼樘料卡接，卡接后应用紧固件双向拧紧，其间距应小于或等于600mm，紧固件端头及拼樘料与窗框间的缝隙应用嵌缝膏进行密封处理。拼樘料型钢两端必须与洞口固定牢固。

（4）门窗框与墙体间缝隙不得用水泥砂浆填塞，应采用弹性材料填嵌饱满，表面应用密封胶密封。

6. 木门窗玻璃的安装应符合下列规定：

（1）玻璃安装前应检查框内尺寸，将裁口内的污垢清除干净。

（2）安装长边大于1.5m或短边大于1m的玻璃，应用橡胶垫并用压条和螺钉固定。

(3) 安装木框、扇玻璃，可用钉子固定，钉距不得大于 300mm，且每边不少于 2 个；用木压条固定时，应先刷底油后安装，并不得将玻璃压得过紧。

(4) 安装玻璃隔墙时，玻璃在上框面应留有适量缝隙，防止木框变形，损坏玻璃。

(5) 使用密封膏时，接缝处的表面应清洁、干燥。

7. 铝合金、塑料门窗玻璃的安装应符合下列规定：

(1) 安装玻璃前，应清出槽口内的杂物。

(2) 使用密封膏前，接缝处的表面应清洁、干燥。

(3) 玻璃不得与玻璃槽直接接触，并应在玻璃四边垫上不同厚度的垫块，边框上的垫块应用胶粘剂固定。

(4) 镀膜玻璃应安装在玻璃的最外层，单面镀膜玻璃应朝向室内。

8.2.2 质量要点

1. 门、窗洞口墙上预留的木砖或预埋件的数量、距离及牢固程度应符合规范要求，防止由于固定数量不够，预置木砖或预埋件不稳定而造成门、窗框松动。

2. 木门窗、合页安装时，木螺钉不应倾斜，遇有木节时，应在木节处钻眼，重新加胶塞入木塞后再拧入木螺钉，防止木螺钉倾斜而造成合页不平。

3. 安装门扇，在掩扇前应先检查门框垂直度，使装扇的上下两个合页轴在一条垂直线上，合页与门窗应配套、合适，固定合页的螺钉应安装平直、牢固，防止门扇下坠、开关不灵或自行开关。

4. 金属门窗在搬运、装卸时应轻抬、轻放，各包装件之间应加轻质衬垫，并用木板与车体隔开，绑扎固定牢靠，禁止松动运输，以防门窗翘曲、窜角、变形。

5. 金属门窗施工时应贴保护膜进行保护，铝合金门窗严禁用水泥砂浆直接与门窗框接触，以防被污染、腐蚀。

6. 金属窗框与墙体连接处应采用质量合格的防水密封胶，推拉窗应设置排水孔，平开铝合金窗应按设计要求安装披水条，以免因窗缝不严而渗水。

8.2.3 质量验收

1. 主控项目

（1）门窗工程应对下列材料及其性能指标进行复验：

1）人造木板的甲醛含量。

2）建筑外墙金属窗、塑料窗的抗风压性能、空气渗透性能和雨水渗漏性能。

（2）门窗工程应对下列隐蔽工程项目进行验收：

1）预埋件和锚固件。

2）隐蔽部位的防腐、填嵌处理。

（3）木门窗的品种、类型、规格、开启方向、安装位置及连接方式应符合设计要求。

（4）木门窗框的安装必须牢固，预埋木砖的防腐处理，木门窗框固定点的数量、位置及固定方法应符合设计要求。

（5）木门窗扇安装必须牢固，并应开关灵活，关闭严密，无倒翘。

（6）木门窗配件的型号、规格、数量应符合设计要求，安装应牢固，位置应正确，功能应满足使用要求。

（7）金属门窗的品种、类型、规格、尺寸、性能、开启方向、安装位置、连接方式及门窗的型材壁厚应符合设计要求，防腐处理及嵌缝、密封处理应符合设计要求。

（8）金属门窗框和副框的安装必须牢固，预埋件的数量、位置、埋设方式、与框的连接方式必须符合设计要求。

（9）金属门窗扇必须安装牢固，并应开关灵活、关闭严密、无倒翘，推拉门窗扇必须有防止脱落措施。

（10）金属门窗配件的型号、规格、数量应符合设计要求，安装应牢固，位置应正确，功能应满足使用要求。

（11）塑料门窗的品种、类型、规格、尺寸、开启方向、安装位置、连接方式及填嵌密封处理应符合设计要求，内衬增强型钢的壁厚及设置应符合国家现行产品标准的质量要求。

（12）塑料门窗框、副框和扇的安装必须牢固。固定片或膨胀螺栓的数量与位置应正确，连接方式应符合设计要求。固定点应距窗角、中横框、中竖框150～200mm，固定点间距应不大于600mm。

（13）塑料门窗拼樘料内衬增强型钢的规格、壁厚必须符合设计要求，型钢应与型材内腔紧密吻合，其两端必须与洞口固定牢固，窗框必须与拼樘料连接紧密，固定点间距应不大于600mm。

（14）塑料门窗扇应开关灵活、关闭严密、无倒翘。推拉门窗扇必须有防脱落措施。

（15）塑料门窗配件的型号、规格、数量应符合设计要求，安装应牢固，位置应正确，功能应满足使用要求。

（16）塑料门窗框与墙体间缝隙应采用闭孔弹性材料填嵌饱满，表面应采用密封胶密封。密封胶应粘结牢固，表面应光滑、顺直、无裂纹。

2. 一般项目

（1）木门窗表面应清洁，不得有刨痕、锤印。

(2) 木门窗的割角、拼缝应严密平整。门窗框、扇裁口应顺直,刨面应平整。

(3) 木门窗上槽、孔应边缘整齐,无毛刺。

(4) 木门窗与墙体间缝隙的填散材料应符合设计要求,填嵌应饱满,寒冷地区外门窗(门窗框)与砌体间空隙应填充保温材料。

(5) 木门窗披水、盖口条、压缝条、密封条的安装应顺直,与门窗结合应牢固、严密。

(6) 木门窗制作的允许偏差和检验方法见表 8-2。

表 8-2 木门窗制作的允许偏差和检验方法

项次	项目	构件名称	允许偏差 /mm		检验方法
1	翘曲	框	3	2	将框、扇平放在检查平台上,用塞尺检查
		扇	2	2	
2	对角线长度差	框、扇	3	2	用钢尺检查,框量裁口里角,扇量外角
3	表面平整度	扇	2	2	用 1m 靠尺和塞尺检查
4	高度、宽度	框	0;−2	0;−1	用钢尺检查,框量裁口里角,扇量外角
		扇	+2;0	+1;0	
5	裁口、线条结合处高低差	框、扇	1	0.5	用钢直尺和塞尺检查
6	相邻梃子两端间距	扇	2	1	钢直尺检查

（7）木门窗安装的留缝限值、允许偏差和检验方法见表8-3。

表8-3 木门窗安装的留缝限值、允许偏差和检验方法

项次	项目		留缝限值 /mm		允许偏差 /mm		检验方法
			普通	高级	普通	高级	
1	门窗槽口对角线长度差		—	—	3	2	用钢尺检查
2	门窗框的正、侧面垂直度		—	—	2	1	用1m垂直检测尺检查
3	框与扇、扇与扇接缝高低差		—	—	2	1	用钢直尺和塞尺检查
4	门窗扇对口缝		1~2.5	1.5~2	—	—	用塞尺检查
5	工业厂房双扇大门对口缝		2~5	—	—	—	用塞尺检查
6	门窗扇与上框间留缝		1~2	1~1.5	—	—	用塞尺检查
7	门窗扇与侧框间留缝		1~2.5	1~1.5	—	—	用塞尺检查
8	窗扇与下框间留缝		2~3	2~2.5	—	—	用塞尺检查
9	门扇与下框间留缝		3~5	3~4	—	—	用塞尺检查
10	双层门扇内外框间距		—	—	4	3	用钢尺检查
11	无下框时门扇与地面间留缝	外门	4~7	5~6	—	—	用塞尺检查
		内门	5~8	6~7	—	—	
		卫生间门	8~12	8~10	—	—	
		厂房大门	10~20	—	—	—	

（8）金属门窗表面应洁净、平整、光滑、色泽一致、无锈蚀。大面应无伤痕、碰伤。漆膜或保护层应连续。

(9)铝合金门窗推拉门窗扇开关力应不大于100N。

(10)金属门窗框与墙体之间的缝隙应填嵌饱满,并采用密封胶密封。密封胶表面应光滑、顺直,无裂纹。

(11)金属门窗扇的橡胶密封条或毛毡密封条应安装完好,不得脱槽。

(12)有排水孔的金属门窗,排水孔应畅通,位置和数量应符合设计要求。

(13)金属门窗安装的允许偏差和检验方法见表8-4。

表8-4 金属门窗安装的允许偏差和检验方法

项　目		允许偏差/mm		检验方法
		铝合金	涂色镀锌钢板	
门窗槽口宽度、高度	≤1500mm	1.5	2.0	用钢尺检查
	>1500mm	2.0	3.0	用钢尺检查
门窗槽口对角线长度差	≤2000mm	3.0	4.0	用垂直检测尺检查
	>2000mm	4.0	5.0	用1m水平尺和塞尺检查
门窗框的正、侧面垂直度		2.5	3.0	用钢尺检查
门窗横框的水平度		2.0	3.0	用钢尺检查
门窗横框标高		5.0	5.0	用钢尺检查
门窗竖向偏离中心		5.0	5.0	用钢尺检查
双层门窗内外框间距		4.0	4.0	用钢尺检查
推拉门窗扇与框搭接量		1.5	2.0	用钢尺检查

(14)塑料门窗表面应洁净、平整、光滑,大面应无划痕、碰伤。

(15)塑料门窗扇的密封条不得脱槽。旋转窗间隙应基本均匀。

（16）塑料门窗扇的开关力应符合下列规定：

1）平开门窗扇平铰链的开关力应不大于80N；滑撑铰链的开关力应不大于80N，并不小于30N。

2）推拉门窗扇的开关力应不大于100N。

（17）玻璃密封条与玻璃及玻璃槽口的接缝应平整，不得卷边、脱槽。

（18）排水孔应畅通，位置和数量应符合设计要求。

8.2.4 安全与环保措施

1. 施工机械应符合现行行业标准《建筑机械使用安全技术规程》(JGJ 33) 及《施工现场临时用电安全技术规范》(JGJ 46) 的有关规定，施工中应定期对其进行检查、维修，保证机械使用安全。施工机械设备应建立按时保养、保修、检验制度，应选用高效节能电动机，选用噪声标准较低的施工机械、设备，对机械、设备采取必要的消声、隔振和减振措施。施工现场宜充分利用太阳能。

2. 施工人员应经安全技术交底和安全文明施工教育后才可进入工地施工操作，施工现场应加强安全管理，安排专职安全巡逻员，设置黄沙桶、灭火器等消防设备。施工现场应安排专人洒水、清扫。

3. 在高处进行电焊作业时应采取遮挡措施，避免电弧光外泄，避免光污染。对施工现场场界噪声进行检测和记录，噪声排放不得超过国家标准。施工场地的强噪声设备宜设置在远离居民区的一侧，可采取对强噪声设备进行封闭等降低噪声措施。

4. 施工现场应建立封闭式垃圾站，并对建筑垃圾按不可再利用垃圾与可再利用垃圾进行分别存放，对可循环利用的建筑垃圾进行再分类，建立相应的项目部台账。

8.3 吊顶工程

8.3.1 施工要点

1. 龙骨的安装应符合下列要求：

（1）应根据吊顶的设计标高在四周墙上弹线。弹线应清晰、位置应准确。

（2）主龙骨吊点间距、起拱高度应符合设计要求。当设计无要求时，吊点间距应小于1.2m，应按房间短向跨度的1‰～3‰起拱。主龙骨安装后应及时校正其位置标高。

（3）吊杆应通直，距主龙骨端部距离不得超过300mm。当吊杆与设备相遇时，应调整吊点构造或增设吊杆。

（4）次龙骨应紧贴主龙骨安装。固定板材的次龙骨间距不得大于600mm，在潮湿地区和场所，间距宜为300～400mm。用沉头自攻螺钉安装饰面板时，接缝处次龙骨宽度不得小于40mm。

（5）暗龙骨系列横撑龙骨应用连接件将其两端连接在通长次龙骨上。明龙骨系列的横撑龙骨与通长龙骨搭接处的间隙不得大于1mm。

（6）边龙骨应按设计要求弹线，固定在四周墙上。

（7）全面校正主、次龙的位置及平整度，连接件应错位安装。

2. 安装饰面板前应完成吊顶内管道和设备的调试和验收。

3. 饰面板安装前应按规格、颜色等进行分类选配。

4. 暗龙骨饰面板（包括纸面石膏板、纤维水泥加压板、胶合板、金属方块板、金属条形板、塑料条形板、石膏板、钙塑板、矿棉板和格栅等）的安装应符合下列规定：

（1）以轻钢龙骨、铝合金龙骨为骨架，采用钉固法安装时应使用沉头自攻螺钉固定。

（2）以木龙骨为骨架，采用钉固法安装时应使用木螺钉固定，胶合板可用铁钉固定。

（3）金属饰面板采用吊挂连接件、插接件固定时应按产品说明书的规定放置。

（4）采用复合粘贴法安装时，胶粘剂未完全固化前板材不得有强烈振动。

5. 纸面石膏板和纤维水泥加压板安装应符合下列规定：

（1）板材应在自由状态下进行安装，固定时应从板的中间向四周固定。

（2）纸面石膏板螺钉与板边距离：纸包边宜为10～15mm，切割边宜为15～20mm；水泥加压板螺钉与板边距离宜为8～15mm。

（3）板周边钉距宜为150～170mm，板中钉距不得大于200mm。

（4）安装双层石膏板时，上下层板的接缝应错开，不得在同一根龙骨上接缝。

（5）螺钉头宜略埋入板面，并不得使纸面破损。钉眼应做防锈处理并用腻子抹平。

（6）石膏板的接缝应按设计要求进行板缝处理。

6. 石膏板、钙塑板的安装应符合下列规定：

（1）当采用钉固法安装时，螺钉与板边距离不得小于15mm，螺钉间距宜为150～170mm，均匀布置，并应与板面垂直，钉帽应进行防锈处理，并应用与板面颜色相同涂料涂饰或用石膏腻子抹平。

(2)当采用粘结法安装时,胶粘剂应涂抹均匀,不得漏涂。

7.矿棉装饰吸声板安装应符合下列规定:

(1)房间内湿度过大时不宜安装。

(2)安装前应预先排板,保证花样、图案的整体性。

(3)安装时,吸声板上不得放置其他材料,防止板材受压变形。

8.明龙骨饰面板的安装应符合以下规定:

(1)饰面板安装应确保企口的相互咬接及图案花纹的吻合。

(2)饰面板与龙骨嵌装时应防止相互挤压过紧或脱挂。

(3)采用搁置法安装时应留有板材安装缝,每边缝隙不宜大于1mm。

(4)玻璃吊顶龙骨上留置的玻璃搭接宽度应符合设计要求,并应采用软连接。

(5)装饰吸声板的安装如采用搁置法安装,应有定位措施。

8.3.2 质量要点

1.吊顶工程应对人造木板的甲醛含量进行复验。

2.吊顶工程应对下列隐蔽工程项目进行验收:

(1)吊顶内管道、设备的安装及水管试压。

(2)木龙骨防火、防腐处理。

(3)预埋件或拉结筋。

(4)吊杆安装。

(5)龙骨安装。

(6)填充材料的设置。

3.安装龙骨前,应按设计要求对房间净高、洞口标高和吊顶内管道、设备及其支架的标高进行交接检验。

4. 吊顶工程的木吊杆、木龙骨和木饰面板必须进行防火处理。并应符合有关设计防火规范的规定。

5. 吊顶工程中的预埋件、钢筋吊杆和型钢吊杆应进行防锈处理。

6. 吊杆距主龙骨端部距离不得大于300mm，当大于300mm时，应增加吊杆。当吊杆长度大于1.5m时，应设置反支撑。当吊杆与设备相遇时，应调整并增设吊杆。

7. 重型灯具、电扇及其他重型设备严禁安装在吊顶工程的龙骨上。花灯吊钩圆钢直径不应小于灯具挂销直径，且不应小于6mm。大型花灯的固定及悬吊装置，应按灯具重量的2倍做过载试验。

8.3.3 质量验收

1. 主控项目

（1）吊顶标高、尺寸、起拱和造型应符合设计要求。

（2）饰面材料的材质、品种、规格、图案和颜色应符合设计要求。

（3）吊杆、龙骨和饰面材料的安装必须牢固，应对人造木板的甲醛含量进行复验。

（4）吊杆、龙骨的材质、规格、安装间距及连接方式应符合设计要求。金属吊杆、龙骨应经过表面防腐处理；木吊杆、龙骨应进行防腐、防火处理。

（5）石膏板的接缝应按其施工工艺标准进行板缝防裂处理。安装双层石膏板时，面层板与基层板的板缝应错开，并不得在同一根龙骨上接缝。

2. 一般项目

（1）饰面板表面平整、洁净、色泽一致。不得有翘曲、裂缝及缺损。压条应平直、宽窄一致。

（2）饰面板上的灯具、烟感器、喷淋头、风口箅子等设备的位置应合理、美观，与饰面板的交接应吻合、严密。

（3）金属吊杆、龙骨的接缝应均匀一致，角缝应吻合，表面应平整，无翘曲、锤印。木质吊杆、龙骨应顺直，无劈裂、变形。

（4）吊顶内填充吸声材料的品种和铺设厚度应符合设计要求，并有防散落措施。

8.3.4 安全与环保措施

1. 施工机械应符合现行行业标准《建筑机械使用安全技术规程》（JGJ 33）及《施工现场临时用电安全技术规范》（JGJ 46）的有关规定，施工中应定期对其进行检查、维修，保证机械使用安全。施工机械设备应建立按时保养、保修、检验制度，应选用高效节能电动机，选用噪声标准较低的施工机械、设备，对机械、设备采取必要的消声、隔振和减振措施。施工现场宜充分利用太阳能。

2. 施工人员应经安全技术交底和安全文明施工教育后才可进入工地施工操作，施工现场应加强安全管理，安排专职安全巡逻员，设置黄沙桶、灭火器等消防设备。施工现场应安排专人洒水、清扫。

3. 电、气焊作业前应取得动火证，施工作业时，应有防火措施和专人看管；工地临时用电线路的架设及脚手架接地、避雷措施等应按现行标准规定执行。施工操作中，工具要随手放入工具袋内，上下传递材料或工具时不得抛掷。

4. 对施工现场场界噪声进行检测和记录，噪声排放不得超过国家标准。施工场地的强噪声设备宜设置在远离居民区的一侧，可采取对强噪声设备进行封闭等降低噪声措施。

5. 施工现场应建立封闭式垃圾站，并对建筑垃圾按不可再利用垃圾与可再利用垃圾进行分别存放，对可循环利用的建筑垃圾进行再分类，建立相应的项目部台账。

6. 落地扣件式钢管脚手架搭设应符合现行行业标准《建筑施工扣件式钢管脚手架安全技术规范》（JGJ 130）规定，脚手架作业层上的施工荷载应符合设计要求，不得超载，脚手架的安全检查与维护，应按规定进行，安全网应按有关规定搭设或拆除。

8.4 轻质隔墙施工

8.4.1 施工要点

1. 墙位放线应按设计要求，沿地、墙、顶弹出隔墙的中心线和宽度线，宽度线应与隔墙厚度一致，弹线应清晰，位置应准确。

2. 轻钢龙骨的安装应符合下列规定：

（1）应按弹线位置固定沿地、沿顶龙骨及边框龙骨，龙骨的边线应与弹线重合。龙骨的端部应安装牢固，龙骨与基体的固定点间距应不大于1m。

（2）安装竖向龙骨应垂直，龙骨间距应符合设计要求。潮湿房间和钢板网抹灰墙，龙骨间距不宜大于400mm。

（3）安装支撑龙骨时，应先将支撑卡安装在竖向龙骨的开口方向，卡距宜为400～600mm，距龙骨两端的距离宜为20～25mm。

（4）安装贯通系列龙骨时，低于3m的隔墙安装一道，3～5m隔墙安装两道。

（5）饰面板横向接缝处不在沿地、沿顶龙骨上时，应加横撑龙骨固定。

（6）门窗或特殊节点处安装附加龙骨应符合设计要求。

3. 木龙骨的安装应符合下列规定：

（1）木龙骨的横截面面积及纵、横向间距应符合设计要求。

（2）骨架横、竖龙骨宜采用开半榫、加胶、加钉连接。

（3）安装饰面板前应对龙骨进行防火处理。

4. 骨架隔墙在安装饰面板前应检查骨架的牢固程度、墙内设备管线及填充材料的安装是否符合设计要求，如有不符合处应采取措施。

5. 纸面石膏板的安装应符合以下规定：

（1）石膏板宜竖向铺设，长边接缝应安装在竖龙骨上。

（2）龙骨两侧的石膏板及龙骨一侧的双层板的接缝应错开，不得在同一根龙骨上接缝。

（3）轻钢龙骨应用自攻螺钉固定，木龙骨应用木螺钉固定。沿石膏板周边钉间距不得大于200mm，板中钉间距不得大于300mm，螺钉与板边距离应为10～15mm。

（4）安装石膏板时应从板的中部向四边固定。钉头略埋入板内，但不得损坏纸面，钉眼应进行防锈处理。

（5）石膏板的接缝应按设计要求进行板缝处理。石膏板与周围墙或柱应留有3mm的槽口，以便进行防开裂处理。

6. 胶合板的安装应符合下列规定：

（1）胶合板安装前应对板背面进行防火处理。

（2）轻钢龙骨应采用自攻螺钉固定。木龙骨采用圆钉固定时，钉距宜为80～150mm，钉帽应砸扁；采用钉枪固定时，钉距宜为80～100mm。

（3）阳角处宜做护角。

（4）胶合板用木压条固定时，固定点间距不应大于200mm。

7. 板材隔墙的安装应符合下列规定：

（1）墙位放线应清晰，位置应准确。隔墙上下基层应平整、牢固。

（2）板材隔墙安装拼接应符合设计和产品构造要求。

（3）安装板材隔墙时宜使用简易支架。

（4）安装板材隔墙所用的金属件应进行防腐处理。

（5）板材隔墙拼接用的芯材应符合防火要求。

（6）在板材隔墙上开槽、打孔应用云石机切割或电钻钻孔，不得直接剔凿和用力敲击。

8. 玻璃砖墙的安装应符合下列规定：

（1）玻璃砖墙宜以1.5m高为一个施工段，待下部施工段胶结材料达到设计强度后再进行上部施工。

（2）当玻璃砖墙面积过大时应增加支撑。玻璃砖墙的骨架应与结构连接牢固。

（3）玻璃砖应排列均匀整齐，表面平整，嵌缝的油灰或密封膏应饱满密实。

9. 平板玻璃隔墙的安装应符合下列规定：

（1）墙位放线应清晰，位置应准确。隔墙基层应平整、牢固。

（2）骨架边框的安装应符合设计和产品组合的要求。

（3）压条应与边框紧贴，不得弯棱、凸鼓。

（4）安装玻璃前应对骨架、边框的牢固程度进行检查，如有不牢应进行加固。

（5）玻璃安装应符合本书8.2门窗工程的有关规定。

8.4.2 质量要点

1. 轻质隔墙工程应对人造木板的甲醛含量进行复验。

2. 轻质隔墙工程应对下列隐蔽工程项目进行验收：

（1）骨架隔墙中设备管线的安装及水管试压。

（2）木龙骨防火、防腐处理。

（3）预埋件或拉结筋。

（4）龙骨安装。

（5）填充材料的设置。

8.4.3 质量验收

1. 主控项目

（1）骨架隔墙所用龙骨、配件、墙面板、填充材料及嵌缝材料的品种、规格、性能和木材的含水率应符合设计要求，有隔声、隔热、阻燃、防潮等特殊要求的工程材料应有相应性能等级的检测报告。

（2）骨架隔墙工程中边框龙骨必须与基体结构连接牢固，并应平整、垂直、位置正确。

（3）骨架隔墙中龙骨间距和构造连接方法应符合设计要求，骨架内设备管线的安装、门窗洞口等部位加强龙骨应安装牢固、位置正确，填充材料的设置应符合设计要求。

（4）骨架隔墙的墙面板应安装牢固，无脱层、翘曲、折裂及缺损。

（5）墙面板所用接缝材料的接缝方法应符合设计要求。

（6）活动隔墙所用墙板、配件等材料的品种、规格、性能和木材的含水率应符合设计要求。有阻燃、防潮等特性要求的工程，材料应有相应性能等级的检测报告。

（7）活动隔墙轨道必须与基体结构连接牢固并应位置正确。

（8）活动隔墙用于组装、推拉和制动的构配件必须安装牢固、位置正确，推拉必须安全、平稳、灵活。

（9）活动隔墙制作方法、组合方式应符合设计要求。

2．一般项目

（1）隔墙表面应平整光滑、色泽一致、洁净、无裂缝，接缝应均匀、顺直。

（2）隔墙上的孔洞、槽、盒应位置正确、套割吻合、边缘整齐。

（3）骨架隔墙内的填充材料应干燥，填充应密实、均匀、无下坠。

（4）活动隔墙推拉应无噪声。

8.4.4 安全与环保措施

1．施工机械应符合现行行业标准《建筑机械使用安全技术规程》（JGJ 33）及《施工现场临时用电安全技术规范》（JGJ 46）的有关规定，施工中应定期对其进行检查、维修，保证机械使用安全。施工机械设备应建立按时保养、保修、检验制度，应选用高效节能电动机，选用噪声标准较低的施工机械、设备，对机械、设备采取必要的消声、隔振和减振措施。施工现场宜充分利用太阳能。

2．施工人员应经安全技术交底和安全文明施工教育后才可进入工地施工操作，施工现场应加强安全管理，安排专职安全巡逻员，设置黄沙桶、灭火器等消防设备。施工现场应安排专人洒水、清扫。

3．电、气焊作业前应取得动火证，施工作业时，应有防火措施和专人看管；工地临时用电线路的架设及脚手架接地、避雷措施等应按现行标准规定执行。施工操作中，工具要随手放入工具袋内，上下传递材料或工具时不得抛掷。

4．对施工现场场界噪声进行检测和记录，噪声排放不得超过国家标准。施工场地的强噪声设备宜设置在远离居民区的一侧，可采取对强噪声设备进行封闭等降低噪声措施。

5. 施工现场应建立封闭式垃圾站，并对建筑垃圾按不可再利用垃圾与可再利用垃圾进行分别存放，对可循环利用的建筑垃圾进行再分类，建立相应的项目部台账。

8.5 饰面板（砖）工程

8.5.1 施工要点

1. 木装饰装修墙制作安装应符合下列规定：

（1）制作安装前应检查基层的垂直度和平整度，有防潮要求的应进行防潮处理。

（2）按设计要求弹出标高、竖向控制线、分格线。打孔安装木砖或木楔，深度应不小于40mm，木砖或木楔应做防腐处理。

（3）龙骨间距应符合设计要求。当设计无要求时：横向间距宜为300mm，竖向间距宜为400mm。龙骨与木砖或木楔连接应牢固。龙骨、木质基层板应进行防火处理。

（4）饰面板安装前应进行选配，颜色、木纹对接应自然谐调。

（5）饰面板固定应采用射钉或胶粘结，接缝应在龙骨上，接缝应平整。

（6）镶接式木装饰墙可用射钉从凹样边倾斜射入。安装第一块时必须校对竖向控制线。

（7）安装封边收口线条时应用射钉固定，钉的位置应在线条的凹槽处或背视线的一侧。

2. 墙面砖铺贴应符合下列规定：

（1）墙面砖铺贴前应进行挑选，并应浸水2h以上，晾干表面水分。

（2）铺贴前应进行放线定位和排砖，非整砖应排放在次要部位或阴角处。每面墙不宜有两列非整砖，非整砖宽度不宜小于整砖的 1/3。

（3）铺贴前应确定水平及竖向标志，垫好底尺，挂线铺贴。墙面砖表面应平整，接缝应平直，缝宽应均匀一致。阴角砖应压向正确，阳角线宜做成 45°对接，在墙面凸出物处，应整砖套割吻合，不得用非整砖拼凑铺贴。

（4）结合砂浆宜采用 1∶2 水泥砂浆，砂浆厚度宜为 6～10mm。水泥砂浆应满铺在墙砖背面，一面墙不宜一次铺贴到顶，以防塌落。

3. 墙面石材铺装应符合下列规定：

（1）墙面砖铺贴前应进行挑选，并应按设计要求进行预拼。

（2）强度较低或较薄的石材应在背面粘贴玻璃纤维网布。

（3）当采用湿作业法施工时，固定石材的钢筋网应与预埋件连接牢固。每块石材与钢筋网拉结点不得少于 4 个。拉结用金属丝应具有防锈性能。灌注砂浆前应将石材背面及基层湿润，并应用填缝材料临时封闭石材板缝，避免漏浆。灌注砂浆宜用 1∶2.5 水泥砂浆，灌注时应分层进行，每层灌注高度宜为 150～200mm，且不超过板高的 1/3，插捣应密实。待其初凝后方可灌注上层水泥砂浆。

（4）当采用粘贴法施工时，基层处理应平整但不应压光。胶粘剂的配合比应符合产品说明书的要求。胶液应均匀、饱满的刷抹在基层和石材背面，石材就位时应准确，并应立即挤紧、找平、找正，进行顶、卡固定。溢出胶液应随时清除。

8.5.2 质量要点

1. 饰面板（砖）工程应对下列材料及其性能指标进行复验：

（1）室内用花岗石的放射性。

（2）粘贴用水泥的凝结时间、安定性和抗压强度。

（3）外墙陶瓷面砖的吸水率。

（4）寒冷地区外墙陶瓷面砖的抗冻性。

2. 饰面板（砖）工程应对下列隐蔽工程项目进行验收：

（1）预埋件（或后置埋件）。

（2）连接节点。

（3）防水层。

3. 外墙饰面砖粘贴前和施工过程中，均应在相同基层上做样板件，并对样板件的饰面砖粘结强度进行检验，其检验方法和结果判定应符合现行行业标准《建筑工程饰面砖粘结强度检验标准》（JGJ/T 110）的规定。

4. 木饰面板安装时所有的木质材料均应严格控制含水率及做好防火、防腐处理。

5. 在较潮湿场所或基层墙背后为卫生间、浴室等有水空间时，木饰面板基层墙面应涂刷防水层，防止木饰面板受潮损坏。

6. 若木饰面板上有开关插座等电器元件，其与木饰面板接触处应填嵌防火胶泥。

7. 施工时必须做好墙面基层处理，浇水充分湿润。在抹底层灰时，根据不同基体采取分层分遍抹灰方法，并严格配合比计量，掌握适宜的砂浆稠度，按比例加界面剂胶，使各灰层之间粘结牢固。

8. 砂浆的使用温度不得低于5℃,砂浆硬化前,应采取防冻措施。

9. 饰面砖工程的抗震缝、伸缩缝、沉降缝等部位的处理应保证缝的使用功能和饰面的完整性。

8.5.3 质量验收

1. 主控项目

(1) 饰面板的品种、规格、颜色和性能应符合设计要求。

(2) 饰面板孔、槽的数量、位置和尺寸应符合设计要求。

(3) 饰面板安装工程的预埋件(或后置埋件)和连接件的数量、规格、位置、连接方法和防腐处理必须符合设计要求。后置埋件的现场拉拔强度必须符合设计要求。饰面板安装必须牢固。

(4) 饰面砖的品种、规格、颜色、图案必须符合设计要求和符合现行标准的规定。

(5) 饰面砖粘贴工程的找平、防水、粘结和勾缝材料及施工方法应符合设计要求及国家现行产品标准和工程技术标准的规定。

(6) 饰面砖粘贴必须牢固。

(7) 满粘法施工的饰面砖工程应无空鼓、裂缝。

2. 一般项目

(1) 饰面板、饰面砖表面应平整、洁净、色泽一致、无裂缝和缺陷。

(2) 饰面砖阴阳角处搭接方式、非整砖使用部位应符合设计要求。

(3) 饰面砖墙面突出物周围的饰面砖应整砖套割吻合,

边缘应整齐。墙裙、贴脸凸出墙面的厚度应一致。

（4）饰面砖接缝应平直、光滑，填嵌应连续、密实；宽度和深度应符合设计要求。

（5）饰面砖有排水要求的部位应做滴水线（槽），滴水线（槽）应顺直，流水坡向应正确，坡度应符合设计要求。

8.5.4 安全与环保措施

1. 施工机械应符合现行行业标准《建筑机械使用安全技术规程》（JGJ 33）及《施工现场临时用电安全技术规范》（JGJ 46）的有关规定，施工中应定期对其进行检查、维修，保证机械使用安全。施工机械设备应建立按时保养、保修、检验制度，应选用高效节能电动机，选用噪声标准较低的施工机械、设备，对机械、设备采取必要的消声、隔振和减振措施。施工现场宜充分利用太阳能。

2. 施工人员应经安全技术交底和安全文明施工教育后才可进入工地施工操作，施工现场应加强安全管理，安排专职安全巡逻员，设置黄沙桶、灭火器等消防设备。施工现场应安排专人洒水、清扫。

3. 施工现场进行剔凿、切割作业时，作业面局部应遮挡、掩盖或采取水淋等降尘措施。施工现场生产、生活用水应使用节水型生活用水器具，在水源处应设置明显的节约用水标志。施工现场应充分利用雨水资源，设置沉淀池、废水回收设施。操作人员宜戴上口罩、耳塞，防止吸入粉尘和切割噪声，危害人身健康。对施工现场场界噪声进行检测和记录，噪声排放不得超过国家标准。施工场地的强噪声设备宜设置在远离居民区的一侧，可采取对强噪声设备进行封闭等降低噪声措施。

4. 工地临时用电线路的架设及脚手架接地、避雷措施等应按现行标准规定执行。施工操作中，工具要随手放入工具袋内，上下传递材料或工具时不得抛掷。

5. 施工现场应建立封闭式垃圾站，并对建筑垃圾按不可再利用垃圾与可再利用垃圾进行分别存放，对可循环利用的建筑垃圾进行再分类，建立相应的项目部台账。

8.6 幕墙工程

8.6.1 施工要点

1. 隐框、半隐框幕墙所采用的结构粘结材料必须是中性硅酮结构密封胶，其性能必须符合现行国家标准《建筑用硅酮结构密封胶》（GB 16776）的规定；硅酮结构密封胶必须在有效期内使用。

2. 主体结构与幕墙连接的各种预埋件，其数量、规格、位置和防腐处理必须符合设计要求。

3. 幕墙的金属框架与主体结构预埋件的连接、立柱与横梁的连接及幕墙面板的安装必须符合设计要求，安装必须牢固。

4. 幕墙的金属框架与主体结构应通过预埋件连接，预埋件应在主体结构混凝土施工时埋入，预埋件的位置应准确。当无条件采用预埋件连接时，应采用其他可靠的连接措施，并应通过试验确定其承载力。幕墙的防雷装置必须与主体结构的防雷装置可靠连接。

5. 石材表面充分干燥（含水率应小于8%）后，用石材防护剂进行石材六面体防护处理，必须在无污染的环境下进行，涂刷必须到位，第一遍涂刷完间隔24h后用同样的方法涂刷第二遍石材防护剂，打孔开槽后应补刷石材防护剂。

6. 龙骨的材质、规格、型号、布置间距按设计要求确定，通常采用热镀锌槽钢、角钢或方钢，如采用焊接，焊缝应做防腐处理。

7. 石材全部安装完毕且板缝也处理完后，用专用清洁剂对石材表面进行全面清洗。

8. 硅酮结构密封胶和硅酮建筑密封胶应打注饱满、密实、连续、均匀、无气泡、整洁，宽度和厚度应符合设计要求，并应在温度15～30℃、相对湿度50%以上、洁净的室内进行；不得在现场墙上打注。

9. 幕墙的金属框架与主体结构应通过预埋件连接，预埋件应在主体结构混凝土施工时埋入，预埋件的位置应准确。当无条件采用预埋件连接时，应采用其他可靠的连接措施，并应通过试验确定其承载力。

10. 主柱应采用螺栓与角码连接，螺栓直径应经过计算，并不应小于10mm。不同金属材料接触时应采用绝缘垫片分隔。

11. 幕墙的抗震缝、伸缩缝、沉降缝等部位的处理应保证缝的使用功能和饰面的完整性。

8.6.2 质量要点

1. 幕墙工程安装前应对后置埋件的现场拉拔强度进行检测。

2. 幕墙工程应对下列隐蔽工程项目进行验收：

（1）预埋件（或后置埋件）。

（2）构件的连接节点。

（3）变形缝及墙面转角处的构造节点。

（4）幕墙防雷装置。

（5）幕墙防火构造。

（6）幕墙防火构造节点。

3. 石材表面应平整、洁净，拼花正确、纹理清晰通顺，颜色均匀一致；非整砖部位安排适宜、阴阳角处的板压向正确，抗震缝、伸缩缝、沉降缝等部位的处理应保证缝的使用功能和饰面的完整性。

4. 面层与基层应安装牢固，干挂配件必须符合设计要求和国家现行有关标准的规定。

8.6.3 质量验收

1. 主控项目

（1）金属幕墙工程所使用的各种材料和配件应符合设计要求及国家现行产品标准和工程技术规范的规定。

（2）金属幕墙的造型和立面分格应符合设计要求。

（3）金属面板的品种、规格、颜色、光泽及安装方向应符合设计要求。

（4）金属幕墙主体结构上的预埋件、后置埋件的数量、位置及后置埋件的拉拔力必须符合设计要求。

（5）金属幕墙的金属框架立柱与主体结构预埋件的连接、立柱与横梁的连接、金属面板的安装必须符合设计要求，安装必须牢固。

（6）金属幕墙的防火、保温、防潮材料的设置应符合设计要求，并应密实、均匀、厚度一致。

（7）金属框架及连接件的防腐处理应符合设计要求。

（8）金属幕墙的防雷装置必须与主体结构的防雷装置可靠连接。

（9）各种变形缝、墙角的连接节点应符合设计要求和技术标准的规定。

（10）金属幕墙的板缝注胶应饱满、密实、连续、均匀、无气泡，宽度和厚度应符合设计要求和技术标准的规定。

（11）金属幕墙应无渗漏。

（12）石材幕墙工程所用材料的品种、规格、性能和等级应符合设计要求及国家现行产品标准和工程技术规范的规定。石材的弯曲强度不应小于 8.0MPa；吸水率应小于 0.8%。石材幕墙的铝合金挂件厚度不应小于 4.0mm，不锈钢挂件厚度不应小于 3.0mm。

（13）石材幕墙的造型、立面分格、颜色、光泽、花纹和图案应符合设计要求。

（14）石材孔、槽的数量、深度、位置、尺寸应符合设计要求。

（15）石材幕墙主体结构上的预埋件和后置埋件的位置、数量及后置埋件的拉拔力必须符合设计要求。

（16）石材幕墙的金属框架立柱与主体结构预埋件的连接、立柱与横梁的连接、连接件与金属框架的连接、连接件与石材面板的连接必须符合设计要求，安装必须牢固。

（17）金属框架和连接件的防腐处理应符合设计要求。

（18）石材幕墙的防雷装置必须与主体结构防雷装置可靠连接。

（19）石材幕墙的防火、保温、防潮材料的设置应符合设计要求，填充应密实、均匀、厚度一致。

（20）各种结构变形缝，墙角的连接节点应符合设计要求和技术标准的规定。

（21）石材表面和板缝的处理应符合设计要求。

（22）石材幕墙的板缝注胶应饱满、密实、连续、均匀、无气泡，板缝宽度和厚度应符合设计要求和技术标准的规定。

（23）石材幕墙应无渗漏。

（24）玻璃幕墙工程所使用的各种材料、构件和组件的质量，应符合设计要求及国家现行产品标准和工程技术规范的规定。

（25）玻璃幕墙的造型和立面分格应符合设计要求。

（26）玻璃幕墙使用的玻璃应符合下列规定：

1）幕墙应使用安全玻璃，玻璃的品种、规格、颜色、光学性能及安装方向应符合设计要求。

2）幕墙玻璃的厚度不应小于6.0mm，全玻璃幕墙肋玻璃的厚度不应小于12mm。

3）幕墙的中空玻璃应采用双道密封。明框幕墙的中空玻璃应采用聚硫密封胶及丁基密封胶；隐框和半隐框幕墙的中空玻璃应采用硅酮结构密封胶及丁基密封胶；镀膜面应在中空玻璃的第二或第三面上。

4）幕墙的夹层玻璃应采用聚乙烯醇缩丁醛（PVB）胶片干法加工夹层玻璃。点支承玻璃幕墙夹层胶片（PVB）厚度不应小于0.76mm。

5）钢化玻璃表面不得有损伤；8.0mm以下的钢化玻璃应进行引爆处理。

6）所有幕墙玻璃均应进行边缘处理。

（27）玻璃幕墙与主体结构连接的各种预埋件、连接件、紧固件必须安装牢固，其数量、规格、位置、连接方法和防腐处理应符合设计要求。

（28）各种连接件、紧固件的螺栓应有防松动措施；焊接连接应符合设计要求和焊接规范的规定。

（29）隐框或半隐框玻璃幕墙，每块玻璃下端应设置两个铝合金或不锈钢托条，其长度不应小于100mm，厚度不应小于2mm，托条外端应低于玻璃外表面2mm。

检验方法：观察；检查施工记录。

（30）明框玻璃幕墙的玻璃安装应符合下列规定：

1）玻璃槽口与玻璃的配合尺寸应符合设计要求和技术标准的规定。

2）玻璃与构件不得直接接触，玻璃四周与构件凹槽底部应保持一定的空隙，每块玻璃下部应至少放置两块宽度与槽口宽度相同、长度不小于100mm的弹性定位垫块；玻璃两边嵌入量及空隙应符合设计要求。

3）玻璃四周橡胶条的材质、型号应符合设计要求，镶嵌应平整，橡胶条长度应比边框内槽长1.5%～2.0%，橡胶条在转角处应斜面断开，并应用胶粘剂粘结牢固后嵌入槽内。

（31）高度超过4 m的全玻璃幕墙应吊挂在主体结构上，吊夹具应符合设计要求，玻璃与玻璃，璃与玻璃肋之间的缝隙，应采用硅酮结构密封胶填嵌严密。

（32）点支撑玻璃幕墙应采用带万向头的活动不锈钢爪，其钢爪间的中心距离应大于250mm。

（33）玻璃幕墙四周、玻璃幕墙内表面与主体结构之间的连接节点、各种变形缝、墙角的连接节点应符合设计要求和技术标准的规定。

（34）玻璃幕墙应无渗漏。

（35）玻璃幕墙开启窗的配件应齐全，安装应牢固，安装位置和开启方向、角度应正确；开启应灵活，关闭应严密。

（36）玻璃幕墙的防雷装置必须与主体结构的防雷装置可靠连接。

2. 一般项目

(1) 金属板表面应平整、洁净、色泽一致。

(2) 金属幕墙的压条应平直、洁净、接口严密、安装牢固。

(3) 金属幕墙的密封胶缝应横平竖直、深浅一致、宽窄均匀、光滑顺直。

(4) 金属幕墙上的滴水线、流水坡向应正确、顺直。

(5) 石材幕墙表面应平整、洁净、无污染、缺损和裂痕。颜色和花纹应协调一致，无明显色差、无明显修痕。

(6) 石材幕墙的压条应平直、洁净、接口严密、安装牢固。

(7) 石材接缝应横平竖直、宽窄均匀；阴阳角石板压向应正确，板边合缝应顺直；凸凹线出墙厚度应一致，上下口应平直；石材面板上洞口、槽边应套割吻合，边缘应整齐。

(8) 石材幕墙的密封胶缝应横平竖直、深浅一致、宽窄均匀、光滑顺直。

(9) 石材幕墙上的滴水线、流水坡向应正确、顺直。

8.6.4 安全与环保措施

1. 施工机械应符合现行行业标准《建筑机械使用安全技术规程》(JGJ 33) 及《施工现场临时用电安全技术规范》(JGJ 46) 的有关规定，施工中应定期对其进行检查、维修，保证机械使用安全。施工机械设备应建立按时保养、保修、检验制度，应选用高效节能电动机，选用噪声标准较低的施工机械、设备，对机械、设备采取必要的消声、隔振和减振措施。施工现场宜充分利用太阳能。

2. 施工人员应经安全技术交底和安全文明施工教育后才可进入工地施工操作，施工现场应加强安全管理，安排专职安全巡逻员,设置黄沙桶、灭火器等消防设备。施工现场应安排专人洒水、清扫。

3. 电、气焊作业前应取得动火证,施工作业时,应有防火措施和专人看管;工地临时用电线路的架设及脚手架接地、避雷措施等应按现行标准规定执行。施工操作中,工具要随手放入工具袋内,上下传递材料或工具时不得抛掷。

4. 施工现场进行剔凿,砖、石材切割作业时,作业面局部应遮挡、掩盖或采取水淋等降尘措施。施工现场生产、生活用水应使用节水型生活用水器具,在水源处应设置明显的节约用水标志。施工现场应充分利用雨水资源,设置沉淀池、废水回收设施。

5. 施工现场应建立封闭式垃圾站,并对建筑垃圾按不可再利用垃圾与可再利用垃圾进行分别存放,对可循环利用的建筑垃圾进行再分类,建立相应的项目部台账。

6. 落地扣件式钢管脚手架搭设应符合现行行业标准《建筑施工扣件式钢管脚手架安全技术规范》(JGJ 130)的规定,脚手架作业层上的施工荷载应符合设计要求,不得超载,脚手架的安全检查与维护应按规定进行,安全网应按有关规定搭设或拆除。

7. 采用吊篮施工时,吊篮的安全防护装置应齐全并在检定有效期内使用;操作人员经培训持证上岗,并按要求佩戴安全带、安全帽,穿防滑鞋;施工中严格遵守载荷规定;离开操作岗位前必须切断电源;夜间、恶劣天气情况下要停止操作;在吊篮上进行电气焊作业时必须对钢丝绳和工作平台做好保护措施;严禁将电焊机、乙炔发生器、氧气瓶等放入工作平台;避免垂直上下交叉作业,在吊篮施工影响区域设置安全警戒线、安全警示标志。

8. 幕墙清洗不得采用吊绳或吊板作业。

8.7 涂饰工程

8.7.1 施工要点

1. 涂饰工程的基层处理应符合下列要求：

（1）新建筑物的混凝土或抹灰基层在涂饰涂料前应涂刷抗碱封闭底漆。

（2）旧墙面在涂饰涂料前应清除疏松的旧装修层，并涂刷界面剂。

（3）混凝土或抹灰基层涂刷溶剂型涂料时，含水率不得大于8%；涂刷乳液型涂料时，含水率不得大于10%。木材基层的含水率不得大于12%。

（4）基层腻子应平整、坚实、牢固、无粉化、起皮和裂缝；内墙腻子的粘结强度应符合现行行业标准《建筑室内用腻子》（JG/T 3049）的规定。

（5）厨房、卫生间墙面必须使用耐水腻子。

2. 水性涂料涂饰工程施工的环境温度应为5～35℃。

3. 清理基层松散物质、粉末、泥土等，旧漆膜用碱溶液或脱漆剂清除，灰尘污物用湿布擦除，油污等用溶剂或清洁剂去除。

4. 用石膏腻子将墙面、门窗口角等磕碰破损处、麻面、风裂、接槎缝隙等分别找平补好，干燥后用砂纸将凸出处磨平，腻子宜刮两边。基层为石膏板面的，要事先对自攻螺钉点锈补腻子，板与板之间等缝隙处补填缝腻子，粘贴接缝胶带。

5. 涂刷时每一面墙的顺序应从上而下、从左到右，不得乱涂刷或涂刷过厚、涂刷不均匀等,涂刷以盖底、不流淌、不显刷痕为宜,涂料涂刷遍数宜多不宜少,一般以 3~4 遍为宜。

8.7.2 质量要点

1. 有水房间墙柱面施工时应采用具有耐水性的腻子。

2. 涂刷前基层一定要充分干燥,含水率不得大于 8%,涂刷时底漆应涂刷均匀,避免封闭不严,防止因基层湿度过大和底漆封闭不严造成涂膜起泡。

3. 涂刷时要严格控制各层的干燥时间和程度,在第一遍漆未干透时不要刷第二遍,防止下层漆中的溶剂挥发造成上层漆膜起皱。

8.7.3 质量验收

1. 主控项目

(1) 涂料涂饰工程所选用涂料的品种、型号和性能应符合设计要求。

(2) 涂料的颜色、光泽、图案应符合设计要求。

(3) 涂料涂饰工程应涂饰均匀、粘结牢固,不得漏涂、透底、起皮和反锈。

2. 一般项目

水性、溶剂性涂料工程质量和检验方法见表 8-5。

表 8-5 水性、溶剂性涂料工程质量和检验方法

项次	项目	普通涂饰	高级涂饰	检验方法
1	颜色	均匀一致	均匀一致	观察
2	泛碱、咬色	允许少量轻微	不允许	观察
3	光泽、光滑	光泽基本均匀、光滑,无挡手感	光泽均匀一致、光滑	观察、手摸

续表

项次	项目	普通涂饰	高级涂饰	检验方法
4	砂眼、刷纹	允许少量轻微砂眼、刷纹通顺	无砂眼、无刷纹	观察
5	裹楞、流坠、皱皮	明显处不允许	不允许	观察、手摸
6	装饰线、分色线直线度允许偏差/mm	≤2	≤1	拉5通线,不足5m拉通线,用钢直尺检查
7	五金、玻璃等	洁净	洁净	观察

8.7.4 安全与环保措施

1. 施工机械应符合现行行业标准《建筑机械使用安全技术规程》(JGJ 33)及《施工现场临时用电安全技术规范》(JGJ 46)的有关规定,施工中应定期对其进行检查、维修,保证机械使用安全。施工机械设备应建立按时保养、保修、检验制度,应选用高效节能电动机,选用噪声标准较低的施工机械、设备,对机械、设备采取必要的消声、隔振和减振措施。施工现场宜充分利用太阳能。

2. 施工人员应经安全技术交底和安全文明施工教育后才可进入工地施工操作,施工现场应加强安全管理,安排专职安全巡逻员,设置黄沙桶、灭火器等消防设备。施工现场应安排专人洒水、清扫。

3. 施工人员连续作业的时间不宜过长,应间断地离开现场呼吸新鲜空气,高温期间作业应调整作息时间,加强施工现场的通风和降温措施。

4. 现场清扫设专人洒水,不得有扬尘污染,打磨粉尘用湿布擦净,操作工人应佩戴相应的保护设施,如防毒面具、口罩、手套等,以免危害工人肺、皮肤等。施工材料与施工垃圾应及时封闭存放,废料应及时清出室内,施工时,室内应保持良好通风,但不宜过堂风。

5. 对施工现场场界噪声进行检测和记录,噪声排放不得超过国家标准。施工场地的强噪声设备宜设置在远离居民区的一侧,可采取对强噪声设备进行封闭等降低噪声措施。

8.8 细部工程

8.8.1 施工要点

1. 橱柜宜工厂化加工,尽量避免现场制作橱柜,运输储存过程注意避免橱柜被污染和损坏。

2. 橱柜安装前先对框架进行校正、套方,在柜体框架安装位置将框架固定件与墙体木砖固定牢固。采用金属框架时,需在安装固定框架的位置预埋铁件,核对准确无误后,对框架进行焊接固定。

3. 木窗帘盒的制作安装应符合下列规定:

(1) 窗帘盒宽度应符合设计要求。当设计无要求时,窗帘盒宜伸出窗口两侧 200~300mm,窗帘盒中线应对准窗口中线,并使两端伸出窗口长度相同。窗帘盒下沿与窗口上沿应平齐或略低。

(2) 当采用木龙骨双包夹板工艺制作窗帘盒时,遮挡板外立面不得有明榫、露钉帽,底边应做封边处理。

(3) 窗帘盒底板可采用后置埋木楔或膨胀螺栓固定,遮挡板与顶棚交接处宜用角线收口。窗帘盒靠墙部分应与墙面紧贴。

(4) 窗帘轨道安装应平直,窗帘轨固定点必须在底板的龙骨上，连接必须用木螺钉，严禁用圆钉固定。采用电动窗帘轨时，应按产品说明书进行安装调试。

4. 木门窗套的制作安装应符合下列规定：

（1）门窗洞口应方正垂直，预埋木砖应符合设计要求，并应进行防腐处理。

（2）根据洞口尺寸、门窗中心线和位置线，用方木制成搁栅骨架并应做防腐处理，横撑位置必须与预埋件位置重合。

（3）搁栅骨架应平整牢固，表面刨平。安装搁栅骨架应方正，除预留出板面厚度外，搁栅骨架与木砖的间隙应垫以木垫，连接牢固。安装洞口搁栅骨架时，一般先上端后两侧，洞口上部骨架应与紧固件连接牢固。

（4）与墙体对应的基层板板面应进行防腐处理，基层板安装应牢固。

（5）饰面板颜色、花纹应协调。板面应略大于搁栅骨架，大面应净光，小面应刮直。木纹根部应向下，长度方向需要对接时，花纹应通顺，其接头位置应避开视线平视范围，宜在室内地面 2m 以上或 1.2m 以下，接头应留在横撑上。

（6）贴脸、线条的品种、颜色、花纹应与饰面板协调。贴脸接头应成 45°，贴脸与门窗套板面结合应紧密、平整，贴脸或线条盖住抹灰墙面应不小于 10mm。

5. 扶手、护栏的制作安装应符合下列规定：

（1）木扶手与弯头的接头要在下部连接牢固，木扶手的宽度或厚度超过 70mm 时，其接头应粘结加强。

（2）扶手与垂直杆件连接牢固，紧固件不得外露。

（3）整体弯头制作前应做足尺样板，按样板画线。弯头粘结时，温度不宜低于5℃。弯头下部应与栏杆扁钢结合紧密、牢固。

（4）木扶手弯头加工成形应刨光，弯曲应自然，表面应磨光。

（5）金属扶手、护栏垂直杆件与预埋件连接应牢固、垂直，如焊接，则表面应打磨抛光。

（6）玻璃栏板应使用夹层夹玻璃或安全玻璃。

6. 花饰的制作安装应符合下列规定：

（1）装饰线安装的基层必须平整、坚实，装饰线不得随基层起伏。

（2）装饰线、装饰件的安装应根据不同基层，采用相应的连接方式。

（3）木（竹）质装饰线、装饰件的接口应拼对花纹，拐弯接口应齐整无缝，同一种房间的颜色应一致，封口压边条与装饰线、装饰件应连接紧密牢固。

（4）石膏装饰线、装饰件安装的基层应干燥，石膏线与基层连接的水平线和定位线的位置、距离应一致，接缝应45°拼接。当使用螺钉固定花件时，应用电钻打孔，螺钉钉头应沉入孔内，螺钉应做防锈处理；当使用胶粘剂固定花件时，应选用短时间固化的胶粘材料。

（5）金属类装饰线、装饰件安装前应做防腐处理。基层应干燥、坚实。铆接、焊接或紧固件连接时，紧固件位置应整齐，焊接点应在隐蔽处、焊接表面应无毛刺。刷漆前应去除氧化层。

8.8.2 质量要点

1. 细部工程应对人造木板的甲醛含量进行复验。

2. 细部工程应对预埋件（或后置埋件）及护栏与预埋

件的连接节点进行隐蔽工程验收。

3. 橱柜合页安装时，合页槽应平整、深浅一致，螺钉的拧入深度应符合要求，且不得倾斜，防止造成合页安装不平，螺钉松动或螺母不平正。

4. 安装时没有弹线就安装容易使窗帘盒不正、两端高低差和侧向位置安装差超过允许偏差，所以在安装窗帘盒前一定要进行弹线。

5. 窗帘盒两端伸出窗口的长度应一致，否则影响装饰效果。

6. 在有水或较潮湿房间的门套下部可由石材或金属替换，防止门套受潮。

7. 玻璃栏板底座土建施工时，注意固定件的埋设应符合设计要求，需要立柱时应确定立柱的位置。

8.8.3 质量验收

1. 主控项目

（1）橱柜制作与安装所用材料的材质和规格、木材的阻燃性能和含水率、花岗岩的放射形及人造木板的甲醛含量应符合设计要求及国家现行标准的有关规定。

（2）橱柜安装预埋件或后置埋件的数量、规格、位置应符合设计要求。

（3）橱柜的造型、尺寸、安装位置、制作和固定方法应符合设计要求。配件应齐全，安装应牢固。

（4）橱柜的抽屉和柜门应开关灵活、回位正确。

（5）橱柜配件的品种、规格应符合设计要求。配件应齐全，安装应牢固。

（6）窗帘盒、窗台板和散热器罩制作与安装所使用材料的材质和规格、木材的阻燃性能等级和含水率、花岗石的放射性及人造木板的甲醛含量应符合设计要求及国家现行标准的有关规定。

（7）窗帘盒、窗台板和散热器罩的造型、规格、尺寸、安装位置和固定方法必须符合设计要求。窗台板和散热器罩的安装必须牢固。

（8）窗帘盒配件的品种、规格应符合设计要求，安装应牢固。

（9）门窗套制作与安装所使用材料的材质、规格、纹理和颜色，木材的阻燃性能等级和含水率，人造木板的甲醛含量应符合设计要求及国家现行标准的有关规定。

（10）门窗套的造型、尺寸和固定方法应符合设计要求，安装应牢固。

（11）护栏和扶手制作与安装所使用材料的材质、规格、数量和木材、塑料的燃烧性能等级应符合设计要求。

（12）护栏和扶手的造型、尺寸和安装位置应符合设计要求。

（13）护栏和扶手安装预埋件的数量、规格、位置以及护栏与预埋件的连接节点应符合设计要求。

（14）护栏的高度、栏杆间距、安装位置必须符合设计要求，护栏安装必须牢固。

（15）护栏玻璃应使用厚度不小于12mm的钢化玻璃或钢化夹层玻璃。当护栏一侧距楼地面高度为5m及以上时，应采用钢化夹层玻璃。

（16）花饰制作与安装所使用材料的材质、规格应符合设计要求。

（17）花饰的造型、尺寸应符合设计要求。

（18）花饰的安装位置和固定方法必须符合设计要求，

安装必须牢固。

2. 一般项目

（1）橱柜表面应平整、洁净、色泽一致，不得有裂纹、翘曲及损坏。

（2）橱柜裁口应顺直、拼缝应严密。

（3）窗帘盒、窗台板和散热器罩表面应平整、洁净、线条顺直、接缝严密、纹理一致，不得有裂缝、翘曲及损坏。

（4）窗帘盒、窗台板和散热器罩与墙面、窗框的衔接应严密，密封胶应顺直、光滑。

（5）门窗套表面应平整、洁净、线条顺直、接缝严密、色泽一致，不得有裂缝、翘曲及损坏。

（6）护栏和扶手转角弧度应符合设计要求，接缝应严密、表面应光滑，色泽应一致，不得有裂缝、翘曲及损坏。

（7）花饰表面应洁净，接缝应严密吻合，不得有歪斜、裂缝、翘曲及损坏。

8.8.4 安全与环保措施

1. 施工机械应符合现行行业标准《建筑机械使用安全技术规程》（JGJ 33）及《施工现场临时用电安全技术规范》（JGJ 46）的有关规定，施工中应定期对其进行检查、维修，保证机械使用安全。施工机械设备应建立按时保养、保修、检验制度，应选用高效节能电动机，选用噪声标准较低的施工机械、设备，对机械、设备采取必要的消声、隔振和减振措施。施工现场宜充分利用太阳能。

2. 施工人员应经安全技术交底和安全文明施工教育后才可进入工地施工操作，施工现场应加强安全管理，安排专职安全巡逻员，设置黄沙桶、灭火器等消防设备，不得在作业现场抽烟。施工现场应安排专人洒水、清扫。

3. 施工现场进行剔凿、切割作业时,作业面局部应遮挡、掩盖,操作人员宜戴上口罩、耳塞,防止吸入粉尘和切割噪声,危害人身健康。对施工现场场界噪声进行检测和记录,噪声排放不得超过国家标准。施工场地的强噪声设备宜设置在远离居民区的一侧,可采取对强噪声设备进行封闭等降低噪声措施。

4. 施工现场应建立封闭式垃圾站,并对建筑垃圾按不可再利用垃圾与可再利用垃圾进行分别存放,对可循环利用的建筑垃圾进行再分类,建立相应的项目部台账。

9 建筑节能工程

9.1 施工要点

1. 建筑节能工程使用的材料、设备等，必须符合设计要求及国家有关标准的规定。严禁使用国家明令禁止使用和淘汰的材料和设备。

2. 现场配制的材料如保温浆料、聚合物砂浆等，应按设计要求或实验室给出的配合比配制。当未给出要求时，应按照施工方案和产品说明书配制。

3. 建筑节能工程应当按照经审查合格的设计文件和经审批的建筑节能工程施工技术方案的要求施工。使用有机类保温材料的建筑节能工程施工时，必须制订火灾应急预案。

4. 建筑节能工程的施工作业环境和条件，应满足相关标准和施工工艺的要求。节能保温材料不宜在雨雪天气中露天施工。

5. 建筑节能工程施工前，对于重复采用建筑节能设计的房间和构造做法，应在现场采用相同材料和工艺制作样板间或样板件，经有关各方确认后方可进行施工。

6. 屋面保温隔热工程的施工，应在基层质量验收合格后进行。施工过程中应及时进行质量检查、隐蔽工程验收和检验批验收，施工完成后应进行屋面节能分项工程验收。

7. 屋面保温隔热层施工完成后，应及时进行找平层和防水层的施工，避免保温层受潮、浸泡或受损。

9.2 质量要点

1. 建筑节能工程施工前，对于采用相同建筑节能设计的房间和构造做法，应在现场采用相同材料和工艺制作样板间或样板件，经有关各方确认后方可进行施工。

2. 主体结构完成后进行施工的墙体节能工程，应在基层质量验收合格后施工，施工过程中应及时进行质量检查、隐蔽工程验收和检验批验收，施工完成后应进行墙体节能分项工程验收。与主体结构同时施工的墙体节能工程，应与主体结构一同验收。

3. 墙体节能工程的保温材料在施工过程中应采取防潮、防水等保护措施。

4. 进场的材料和设备的品种、规格、包装、外观和尺寸应符合设计要求，应具有出厂合格证、中文说明书及相关性能检测报告；定型产品和成套技术应有型式检验报告，进口材料和设备应按规定进行出入境商品检验，并按规范要求取样复试。墙体节能工程采用外保温定型产品或成套技术时，其型式检验报告中应包括安全性和耐候性检验。

9.3 质量验收

1. 墙体节能工程使用的保温隔热材料的品种规格应符合设计要求，其导热系数、密度、抗压强度或压缩强度、燃烧性能应符合设计要求。进场时应核查其质量证明文件及见证取样复验。复验项目包括：

（1）保温材料的导热系数、材料密度、抗压强度或压缩强度。

（2）粘结材料的粘结强度。

（3）增强网的力学性能、抗腐蚀性能。

取样数量：同一厂家同一品种的产品，当单位工程建筑面积小于2万平方米时，各抽查不少于3次；当单位工程建筑面积大于2万平方米时，各抽查不少于6次。

严寒、寒冷和夏热冬冷地区应对外保温使用的粘结材料进行冻融试验，其结果应符合该地区最低气温环境的要求。

2. 墙体节能工程的施工应符合下列规定：

（1）保温材料的厚度必须符合设计要求。

（2）保温板材与基层及各构造层之间的粘结或连接必须牢固。粘结强度和连接方式应符合设计要求。保温板材与基层的粘结强度应做现场拉拔试验。

（3）保温浆料应分层施工。当采用保温浆料做外保温层时，保温层与基层之间及各层之间的粘结必须牢固，不应脱层、空鼓和开裂。

（4）当墙体节能工程的保温层采用预埋或后置锚固件固定时，锚固件的数量、位置、锚固深度和拉拔力应符合设计要求。后置锚固件应进行锚固力现场拉拔试验。

3. 严寒和寒冷地区外墙热桥部位，应按设计要求采取节能保温等隔断热桥措施。

4. 外墙采用预置保温板现场浇筑混凝土墙体时，保温板材料的品种、性能应符合设计要求；安装应位置正确、接缝严密。保温板在浇筑混凝土过程中不得移位、变形。保温板表面应采取界面处理措施，与混凝土粘结应牢固。

保温砌块砌筑的墙体，应采用具有保温功能的砂浆砌筑。砌筑砂浆的强度等级应符合设计要求。砌体的水平灰缝饱满度不应低于90%，竖直灰缝饱满度不应低于80%。

5. 当外墙采用保温浆料做保温层时，保温浆料层宜连续施工；保温浆料厚度应均匀、接槎应平顺密实，应在施工中制作同条件试件，检测其导热系数、干密度和压缩强度。保温浆料同条件试件应见证取样送检。

当外墙采用板材保温时，墙体保温板材接缝方法应符合施工方案要求。保温板接缝应平整严密。

6. 施工产生的墙体缺陷，如穿墙套管、脚手眼、孔洞等，应按照施工方案采取隔断热桥措施，不得影响墙体热工性能。

7. 外墙外保温工程的饰面层不得渗漏。当外墙外保温工程的饰面层采用饰面板开缝安装时，保温层表面应具有防水功能或采取其他相应的防水措施。当采用加强网作为防止开裂的措施时，加强网的铺贴和搭接应符合设计和施工方案的要求。表层砂浆抹压应密实，不得空鼓，加强网不得皱褶、外露。

8. 幕墙节能的一般规定：

（1）当幕墙节能工程采用隔热型材时，隔热型材生产厂家应提供型材所使用的隔热材料的力学性能和热变形性能试验报告。

（2）用于幕墙节能工程的材料、构件等，其品种、规格应符合设计要求和相关标准的规定。

（3）幕墙节能工程使用的保温隔热材料，其导热系数、密度、燃烧性能应符合设计要求。幕墙玻璃的传热系数、遮阳系数、可见光透射比、中空玻璃露点应符合设计要求。

（4）幕墙节能工程使用的保温材料，其厚度应符合设计要求，安装牢固且不得松脱。

（5）幕墙与周边墙体间的缝隙应采用弹性闭孔材料填充饱满，并应采用耐候密封胶密封。

（6）幕墙节能工程使用的材料、构件等进场时，应对其下列性能进行复验，复验应为见证取样送检：

1）保温材料：导热系数、密度。

2）幕墙玻璃：可见光透射比、传热系数、遮阳系数、中空玻璃露点。

3）隔热型材：抗拉、抗剪强度。

9. 门窗节能的主控项目：

（1）建筑外窗的气密性、保温性能、中空玻璃露点、玻璃遮阳系数和可见光透射比应符合设计要求。

（2）建筑外窗进入施工现场时，应按地区类别对其气密性、传热系数、玻璃遮阳系数、可见光透射比、中空玻璃露点等相应性能指标进行复验，复验应为见证取样送检。

（3）金属外门窗隔断热桥措施应符合设计要求和产品标准的规定，金属副框的隔断热桥措施应与门窗框的隔断热桥措施相当。

（4）外门窗框或副框与洞口的间隙应采用弹性闭孔材料填充饱满，并使用密封胶密封；外门窗框与副框之间的缝隙应使用密封胶密封。

（5）外窗遮阳设施的性能、尺寸应符合设计和产品标准要求；遮阳设施的安装应位置正确、牢固，满足安全和使用功能的要求。

10. 屋面节能的一般规定：

（1）用于屋面节能工程的保温隔热材料，其品种、规格应符合设计要求和相关标准的规定。

（2）用于屋面节能工程的保温隔热材料，其导热系数、密度、抗压强度或压缩强度、燃烧性能应符合设计要求。

（3）屋面保温隔热工程使用的保温隔热材料，进场时应对其导热系数、密度、抗压强度或压缩强度、燃烧性能进行复验，复验应为见证取样送检。

（4）坡屋面、内架空屋面，当采用敷设于屋面内侧的保温板材做保温隔热层时，保温隔热层应有防潮措施，其表面应有保护层，保护层的做法应符合设计要求。

11. 地面节能的一般规定：

（1）地面节能工程的施工，应在主体或基层质量验收合格后进行。施工过程中应及时进行质量检查、隐蔽工程验收和检验批验收，施工完成后应进行地面节能分项工程验收。

（2）用于地面节能工程的保温材料，其品种、规格应符合设计要求和相关标准的规定。

（3）地面节能工程的保温材料，其导热系数、密度、抗压强度或压缩强度、燃烧性能必须符合设计要求。

（4）地面节能工程采用的保温材料，进场时应对其导热系数、密度、抗压强度或压缩强度、燃烧性能进行复验，复验应为见证取样送检。

（5）地面节能工程的保温板与基层之间、各构造层之间的粘结应牢固，缝隙应严密；保温浆料应分层施工；穿越地面直接接触室外空气的各种金属管道应按设计要求，采取隔断热桥的保温措施。

9.4 安全与环保措施

1. 施工机械应符合现行行业标准《建筑机械使用安全

技术规程》(JGJ 33)及《施工现场临时用电安全技术规范》(JGJ 46)的有关规定,施工中应定期对其进行检查、维修,保证机械使用安全。施工机械设备应建立按时保养、保修、检验制度,应选用高效节能电动机,选用噪声标准较低的施工机械、设备,对机械、设备采取必要的消声、隔振和减振措施。施工现场宜充分利用太阳能。

2. 施工人员应经安全技术交底和安全文明施工教育后才可进入工地施工操作,施工现场应加强安全管理,安排专职安全巡逻员,设置黄沙桶、灭火器等消防设备。施工现场应安排专人洒水、清扫。

3. 施工人员连续作业的时间不宜过长,应间断地离开现场呼吸新鲜空气,高温期间作业应调整作息时间,加强施工现场的通风和降温措施。

4. 现场清扫设专人洒水,不得有扬尘污染,打磨粉尘用湿布擦净,操作工人应佩戴相应的保护设施,如防毒面具、口罩、手套等,以免危害工人肺、皮肤等。施工材料与施工垃圾应及时封闭存放,废料应及时清出室内,施工时,室内应保持良好通风,但不宜过堂风。

5. 对施工现场场界噪声进行检测和记录,噪声排放不得超过国家标准。施工场地的强噪声设备宜设置在远离居民区的一侧,可采取对强噪声设备进行封闭等降低噪声措施。

10 绿色施工标准

10.1 施工要点

1. 推行绿色施工的项目,应建立绿色施工管理体系和管理制度,实施目标管理,施工前应在施工组织设计和施工方案中明确绿色施工的内容和方法。

2. 绿色施工应做到:

(1) 根据绿色施工要求进行图纸会审和深化设计。

(2) 施工组织设计及施工方案应有专门的绿色施工章节,绿色施工目标明确,内容应涵盖"四节一环保"要求。

(3) 工程技术交底应包含绿色施工内容。

(4) 建立健全绿色施工管理体系。

(5) 对具体施工工艺技术进行研究,采用新技术、新工艺、新机具、新材料。

(6) 建立绿色施工培训制度,并有实施记录。

(7) 根据检查情况,制定持续改进措施。

10.2 质量要点

1. 现场施工标牌应包括环境保护内容。

(现场施工标牌是指工程概况牌、施工现场管理人员组织机构牌、入场须知牌、安全警示牌、安全生产牌、文明施工牌、消防保卫制度牌、施工现场总平面图、消防平面布置图等。其中应有保障绿色施工的相关内容。)

2. 应对文物古迹、古树名木采取有效保护措施。

3. 现场食堂有卫生许可证，有熟食留样，炊事员持有效健康证明。

4. 保护场地四周原有地下水形态，减少抽取地下水。(为保护现场自然资源环境，降水施工避免过度抽取地下水);危险品、化学品存放处及污物排放采取隔离措施。(化学品和重金属污染品存放采取隔断和硬化处理。)

5. 人员健康

(1) 施工作业区和生活办公区分开布置，生活设施远离有毒有害物质。

(临时办公和生活区距有毒有害存放地一般为50m，因场地限制不能满足要求时应采取隔离措施。)

(2) 生活区面积符合规定，并有消暑或保暖措施。

(3) 现场工人劳动强度和工作时间符合相关规定。

(4) 从事有毒、有害、有刺激性气味和强光、强噪声施工的人员应佩戴护目镜、面罩等防护器具。

(5) 深井、密闭环境、防水和室内装修施工有自然通风或临时通风设施。

(6) 现场危险设备、地段，有毒物品存放地配置醒目安全标志，施工采取有效防毒、防污、防尘、防潮、通风等措施，加强人员健康管理。

(7) 厕所、卫生设施、排水沟及阴暗潮湿地带，定期喷洒药水消毒和除四害措施。

(8) 食堂各类器具清洁，个人卫生、操作行为规范。

6. 扬尘控制

（1）现场建立洒水清扫制度，配备洒水设备，并有专人负责。

（2）对裸露地面、集中堆放的土方采取抑尘措施。（现场直接裸露土体表面和集中堆放的土方采用临时绿化、喷浆和隔尘布遮盖等抑尘措施。）

（3）运送土方、渣土等易产生扬尘的车辆采取封闭或遮盖措施。

（4）现场进出口设冲洗池和吸湿垫，进出现场车辆保持清洁。

（5）易飞扬和细颗粒建筑材料封闭存放，余料及时回收。

（6）易产生扬尘的施工作业采取遮挡、抑尘等措施。（该款为对于施工现场切割等易产生扬尘等作业所采取的扬尘控制措施要求。）

（7）拆除爆破作业有降尘措施。

（8）高空垃圾清运采用管道或垂直运输机械完成。

（9）现场使用散装水泥有密闭防尘措施。

7. **废气排放控制**

（1）进出场车辆及机械设备废气排放符合国家年检要求。

（2）不使用煤作为现场生活的燃料。

（3）电焊烟气的排放符合现行国家标准《大气污染物综合排放标准》（GB 16297）的规定。

（4）不在现场燃烧木质下脚料。

8. **固体废弃物处置**

（1）固体废弃物分类收集，集中堆放。

（2）废电池、废墨盒等有毒有害的废弃物封闭回收，不与其他废弃物混放。

(3) 有毒有害废物分类率达到100%。

(4) 垃圾桶分可与不可回收利用两类,定位摆放,定期清运;建筑垃圾回收利用率力争达到50%。

(5) 碎石和土石方类等废弃物用作地基和路基填埋材料。

9. 污水排放

(1) 现场道路和材料堆放场周边设排水沟。

(2) 工程污水和实验室养护用水经处理后排入市政污水管道。

(工程污水采取去泥沙、除油污、分解有机物、沉淀过滤、酸碱中和等针对性的处理方式,达标排放。)

(3) 现场厕洗间设置化粪池。

(4) 工地厨房设隔油池,定期清理。

注:设置的现场沉淀池、隔油池、化粪池等及时清理,不发生堵塞、渗漏、溢出等现象。

10. 光污染

(1) 夜间钢筋对焊和电焊作业时,采取挡光措施,钢结构焊接设置遮光棚。

(2) 工地设置大型照明灯具时,有防止强光线外泄的措施。

(调整夜间施工灯光投射角度,避免影响周围居民正常生活。)

11. 噪声控制宜符合下列规定:

(1) 采用先进机械、低噪声设备进行施工,定期保养维护。

(2) 产生噪声的机械设备,尽量远离施工现场办公区、生活区和周边住宅区。

(3)混凝土输送泵、电锯房等设有吸声降噪或其他降噪措施(条文说明:吸声)。

(4)夜间施工噪声声强值符合国家有关规定。

(5)混凝土振捣时不得振动钢筋和钢模板。

(6)塔吊指挥使用对讲机传达指令,杜绝哨声指挥。

12.施工现场设置连续、密闭的围挡,围挡应采用硬质实体材料。

13.现场采用喷雾设备降尘。

14.建筑垃圾回收利用率力争达到50%。

15.工程污水采取去泥沙、除油污、分解有机物、沉淀过滤、酸碱中和等处理方式,实现达标排放。

10.3 质量验收

1.对施工现场的生产、生活、办公和主要耗能施工设备设有节能的控制指标。

2.所有施工阶段的噪声控制在现行国家标准《建筑施工场界环境噪声排放标准》GB 12523 限值内。

3.绿色施工项目自评价次数,每月应不少于1次,且每阶段不少于1次。

10.4 安全和环保措施

1.强化安全意识,坚持"安全第一、预防为主、综合治理"的方针。

2.加强环境宣传教育,使职工真正意识到降低噪声所带来的社会效益及自身效益。组织学习环保法规标准。

11 无障碍设施

11.1 施工要点

1. 无障碍设施使用的原材料、半成品及成品的质量标准，应符合设计文件要求及国家现行建筑材料检测标准的有关规定。室内无障碍设施使用的材料应符合国家现行环保标准的要求；并应具备产品合格证书、中文说明书和相关性能的检测报告。进场前应对其品种、规格、型号和外观进行验收。需要复检的，应按设计要求和国家现行有关标准的规定进行取样和检测。必要时应划分单独的检验批进行检验。

2. 盲道不宜出现为避让树木、电线杆、拉线等障碍物而使行进盲道多处转折的现象。当利用检查井盖上设置的触感条作为行进盲道的一部分时，应衔接顺直、平整。盲道铺砌和镶贴时，行进盲道砌块与提示盲道砌块不得替代使用或混用。

3. 设置轮椅坡道处应避开雨水井和排水沟。当需要设置雨水井和排水沟时，雨水井和排水沟的雨水箅网眼尺寸应符合设计和相关规范要求，且不应大于15mm。

4. 扶手的立柱和托架与主体结构的连接应经隐蔽工程验收合格后，方可进行下道工序的施工。钢构件扶手表面应做防腐处理，其连接处的焊缝应锉平磨光。

5. 台阶应避开雨水井和排水沟。当需要设置雨水井和排水沟时，雨水井和排水沟的雨水箅网眼尺寸不应大于15mm。

11.2 质量要点

1. 无障碍通道的地面面层和盲道面层应坚实、平整、抗滑、无倒坡、不积水。其抗滑性能应由施工单位通知监理单位进行验收。面层的抗滑性能采用抗滑系数和抗滑摆值进行控制；抗滑系数和抗滑摆值的检测方法应符合《无障碍设施施工验收及维护规范》（GB 50642—2011）第C.0.2条和第C.0.3条的规定。验收记录应按《无障碍设施施工验收及维护规范》（GB 50642—2011）表C.0.1的格式记录，形成验收文件。

2. 无障碍设施地面基层的强度、厚度及构造做法应符合设计要求。其基层的质量验收，与相应地面基层的施工工序同时验收。基层验收合格后，方可进行面层的施工。

3. 安全抓杆预埋件应进行验收。安全抓杆预埋件验收时，应由施工单位通知监理单位按《无障碍设施施工验收及维护规范》（GB 50642—2011）附录B的格式记录，形成验收文件。

4. 缘石坡道面层材料抗压强度应符合设计要求，宽度和坡度应符合设计要求，缘石坡道下口与缓冲地带地面的高差应符合设计要求。

5. 轮椅坡道顶端轮椅通行平台与地面的高差不应大于10mm，并应以斜面过渡。轮椅坡道凌空侧面的安全挡台高度、不同位置的坡道坡度和宽度及不同坡度的高度和水平长度应符合设计要求。

6.当无障碍设施施工质量不符合要求时,应按下列规定进行处理:

(1)经返工或更换器具、设备的检验批,应重新进行验收。

(2)经返修的分项工程,虽然改变外形尺寸但仍能满足安全使用要求,应按技术处理方案和协商文件进行验收。

(3)因主体结构、分部工程原因造成的拆除重做或采取其他技术方案处理的,应重新进行验收或按技术方案验收。

11.3 质量验收

1.无障碍设施检验批质量验收应经抽样检验合格,一般项目的合格点率应达到80%及以上,且不合格点的最大偏差不得大于规范规定允许偏差的1.5倍,需具有完整的施工原始资料和质量检查记录。

2.缘石坡道、盲道、轮椅坡道、无障碍出入口、无障碍通道、楼梯和台阶、无障碍停车位、轮椅席位等地面面层抗滑性能应符合标准、规范和设计要求。

3.缘石坡道应符合以下要求:

(1)缘石坡道面层材料的抗压强度、坡度和宽度应符合设计要求。

(2)缘石坡道下口与缓冲地带地面的高差应符合设计要求。

(3)整体面层允许偏差应符合表11-1的规定。

表 11-1 整体面层允许偏差

项 目		允许偏差/mm	检验频率		检验方法
			范围	点数	
平整度	水泥混凝土	3	每条	2	2m靠尺和塞尺量取最大值
	沥青混凝土	3			
	其他沥青混合料	4			
厚度		±5	每50条	2	钢尺量测
井框与路面高差	水泥混凝土	3	每座	1	十字法,钢板尺和塞尺取最大值
	沥青混凝土	5			

(4) 板块面层所用的预制砌块、陶瓷类地砖、石板材和块石的品种、质量应符合设计要求。

(5) 结合层、块料填缝材料的强度、厚度应符合设计要求。

(6) 缘石坡道坡度应符合设计要求。

(7) 缘石坡道下 12 与缓冲地带地面的高差应符合设计要求。

(8) 缘石坡道面层与基层应结合牢固、无空鼓。

注:凡单块砖边角有局部空鼓,且每检验批不超过总数的5%可不计。

(9) 地砖、石板材外观不应有裂缝、掉角、缺棱和翘曲等缺陷,表面应洁净、图案清晰、色泽一致,周边顺直。

(10) 块石面层应组砌合理,无十字缝;当设计无要求时,块石面层石料缝隙应相互错开、通缝不超过粒块石料。

(11) 板块面层允许偏差应符合设计规范的要求和表11-2 的规定。

表 11-2 板块面层允许偏差

项 目	允许偏差/mm				检验频率		检验方法
	预制砌块	陶瓷姜地砖	石板材	块石	范围	点数	
平整度	5	2	1	3	每条	2	2m 靠尺和塞尺量取最大值
相邻块高差	3	0.5	0.5	2	每条	2	钢板尺和塞尺量取最大值
井框与路面高差	3	3			每座	1	十字法，钢板尺和塞尺量取最大值

4. 盲道应符合以下要求：

（1）当利用检查井盖上设置的触感条作为行进盲道的一部分时，应衔接顺直、平整。

（2）盲道铺砌和镶贴时，行进盲道砌块与提示盲道砌块不得替代使用或混用。

（3）预制盲道砖（板）的规格、颜色、强度应符合设计要求。行进盲道触感条和提示盲道触感圆点凸面高度、形状和中心距允许偏差分别应符合表 11-3、表 11-4 的规定。

表 11-3 行进盲道触感条凸面高度、形状和中心距允许偏差　　mm

部 位	规定值	允许偏差
面宽	25	±1
底宽	35	±1
凸面高度	4	+1
中心距	62～75	±1

表 11-4　行进提示盲道触感圆点凸面高度、形状和中心距允许偏差

mm

部　位	规定值	允许偏差
表面直径	25	±1
底面直径	35	±1
凸面高度	4	+1
圆点中心距	50	±1

（4）结合层、盲道砖（板）填缝材料的强度、厚度应符合设计要求。

（5）盲道的宽度，提示盲道和行进盲道设置的部位、走向应符合设计要求。

（6）盲道与障碍物的距离应符合设计要求。

（7）人行道范围内各类管线、树池及检查井等构筑物，应在人行道面层施工前全部完成。外露的井盖高程应调整至设计高程。

（8）盲道砖（板）的铺砌和镶贴应牢固、表面平整，缝线顺直，缝宽均匀，灌缝饱满、无翘边、翘角，不积水。其触感条和触感圆点的凸面应高出相邻地面。

（9）预制盲道砖（板）外观允许偏差应符合表 11-5 的规定。

表 11-5　预制盲道砖（板）外观允许偏差

项　目	允许偏差/mm	检查频率		检验方法
		范围/m	块数	
边长	2	500	20	钢尺量测
对角线长度	3			钢尺量测
裂缝、表面起皮	不允许出现			观察

5. 无障碍通道地面面层允许偏差应符合表 11-6 的规定。坡道整体面层允许偏差应符合《无障碍设施施工验收及维护规范》(GB 50642—2011) 表 3.2.9 的规定。坡道板块面层允许偏差应符合《无障碍设施施工验收及维护规范》(GB 50642—2011) 表 3.2.18 的规定。

表 11-6 无障碍通道地面面层允许偏差

项 目		允许偏差 /mm	检验频率		检验方法
			范围	点数	
平整度	水泥砂浆	2	每条	2	2m 靠尺和塞尺量取最大值
	细石混凝土、橡胶弹性面层	3			
	沥青混合料	4			
	水泥花砖	2			
	陶瓷类地砖	2			
	石板材	1			
整体面层厚度		±5	每条	2	钢尺量测或现场钻孔
相邻块高差		0.5	每条	2	钢板尺和塞尺量取最大值

6. 无障碍停车位地面坡度允许偏差应符合表 11-7 的规定。

表 11-7 无障碍停车位地面坡度允许偏差

项目	允许偏差 (%)	检验频率		检验方法
		范围	点数	
坡度	±1.3	每条	2	坡度尺量测

7. 无障碍出入口处设置的提示闪烁灯应符合设计要求。无障碍出入口平台的宽度、平台上方设置的雨篷应符合设计要求。无障碍出入口门厅、过厅设两道门时,门扇同时开启的距离应符合设计要求。

8. 通往低位服务设施的坡道和无障碍通道应符合《无障碍设施施工验收及维护规范》(GB 50642—2011)第 3.4 节和第 3.5 节的规定。低位服务设施设置的部位和数量应符合设计要求。

9. 扶手所使用材料的材质、扶手的截面形状、尺寸应符合设计要求。扶手允许偏差应符合表 11-8 的规定。

表 11-8　扶手允许偏差

项 目	允许偏差/mm	检验频率 范围	检验频率 点数	检验方法
立柱和托架间距	3	每条	2	钢尺量测
立柱垂直度	3	每条	2	1m垂直检测尺测量
扶手直线度	4	每条	1	拉5m线、钢尺测量

10. 无障碍电梯轿厢内和升降平台的扶手应符合《无障碍设施施工验收及维护规范》(GB 50642—2011)第 3.9 节的规定。

11. 无障碍住房和无障碍客房的地面允许偏差应符合表 11-6 的规定。

12. 浴室的安全抓杆应安装坚固,支撑力应符合设计要求。浴帘、毛巾架、淋浴器喷头、更衣台、挂衣钩和安全抓杆允许偏差应符合表 11-9 的规定。

表 11-9 浴帘、毛巾架、淋浴器喷头、更衣台、
挂衣钩和安全抓杆允许偏差

项目		允许偏差 /mm	检验频率		检验方法
			范围	点数	
浴帘、毛巾架、挂衣钩高度		-10；0	每个	1	钢尺量测
淋浴器喷头高度		-15；0	每个	1	钢尺量测
更衣台、洗手盆	平面尺寸	±10	每个	2	钢尺量测
	高度	-10；0			
安全抓杆的垂直度		2	每4个	2	垂直检测尺量测
安全抓杆的水平度		3	每4个	2	水平尺量测

13. 无障碍标志和盲文标志的材质，设置的部位、规格、高度和图形的尺寸和颜色都应符合国际通用无障碍标志的要求。盲文铭牌的尺寸、盲文内容、盲文地图和触摸式发声地图的设置部位、规格和高度应符合设计要求。

11.4 安全与环保措施

1. 强化安全意识，坚持"安全第一、预防为主、综合治理"的方针。

2. 必须严格执行《中华人民共和国消防条例》和公安部关于建筑工地防火的基本措施，加强消防工作的领导，建立义务消防队，现场设消防值班人员，对进场职工进行消防知识教育，建立现场安全用火制度。

3. 施工现场生产、生活用水应使用节水型生活用水器具，在水源处应设置明显的节约用水标志。施工现场应充分利用雨水资源，设置沉淀池、废水回收设施。

4. 对施工现场场界噪声进行检测和记录，噪声排放不得超过国家标准。施工场地的强噪声设备宜设置在远离居民区的一侧，可采取对强噪声设备进行封闭等降低噪声措施。

5. 施工现场大门口应设置冲洗车辆设备，出场时必须将车辆清理干净，不得将泥沙带出现场。对施工现场及运输的易飞扬、细颗粒散体材料进行密闭、存放。

6. 电、气焊作业前应取得动火证，施工作业时，应有防火措施和专人看管。